saggistica

Salvo Di Grazia

Salute e bugie

TEA

Per informazioni sulle novità
del Gruppo editoriale Mauri Spagnol visita:
www.illibraio.it

TEA – Tascabili degli Editori Associati S.r.l., Milano
Gruppo editoriale Mauri Spagnol
www.tealibri.it

Edizione su licenza di Chiarelettere

Prima edizione Saggistica TEA settembre 2018

Sommario

SALUTE E BUGIE

SALUTE E BUGIE

Per i loro imbrogli sono pieni di crudeltà
e peggio di tutti gli altri, ingannando
non solo con le truffe economiche ma anche
con l'irreparabile frode della morte.

Sir Thomas Browne,
Saltimbanchi, truffatori e ciarlatani, 1646

Questo libro

Tutto ciò che riguarda la salute è meritevole della nostra attenzione e per questo è sempre stato oggetto di interessi di qualsiasi tipo, soprattutto economici: sono in molti a speculare approfittando della nostra buona fede e della nostra ignoranza. Talvolta della nostra disperazione. Lasciarsi cullare dalle promesse di successo è il sogno proibito di chiunque sia alle prese con una malattia, di chi insegue una bellezza che non ha o di chi si illude di posticipare a oltranza la propria fine. Gli scaffali delle librerie sono pieni di titoli come *Guarire da soli*, *La forza della mente* o *La cura per tutte le malattie*; volumi dai nomi altisonanti che raccontano come si possa guarire dai mali più gravi con mezzi semplici, economici e disponibili a tutti. Quelli però sono romanzi: non è medicina né realtà, solo fantasia.

Sul web, poi, si trova di tutto: dalle pozioni per dimagrire agli anelli per l'immortalità, fino alle pillole dell'eterna giovinezza.

Non ci resta che una sola possibilità per farci strada in questa selva e comprendere cosa è meglio per la nostra salute e cosa sia da evitare: la conoscenza. Niente paura, non serve studiare per anni voluminosi testi di fisiologia o anatomia: di solito bastano il buon senso, poche nozioni (che proverò a ricordare) e una dose di spirito di osservazione.

I ciarlatani della pseudomedicina adottano copioni identici, agiscono tutti allo stesso modo e vogliono ottenere sempre un solo risultato: guadagnare. Ed è proprio il lato finanziario quello più sottovalutato e poco conosciuto a proposito di «medicina alternativa». Se non ci fosse alle spalle un enorme giro di denaro, non si spiegherebbero né le strutture che i presunti «guru» mettono in piedi, né l'astio e le minacce che destinano a chi, con argomenti scientifici, spiega perché non siano attendibili.

Dire che il cancro si cura nel 99 per cento dei casi con una tisana di erbe è molto più tranquillizzante e popolare che parlare di uno stiracchiato 50 per cento di guarigione con la chemioterapia o con un intervento chirurgico. Tutti vorremmo essere tranquillizzati, specialmente quando si tratta di gravi problemi di salute; poco importa se le parole rasserenanti provengono da un medico o da un ciarlatano, da uno scienziato o da un guaritore. Ma se una cura non funziona e continua a essere venduta come efficace, non c'è altro modo per definirla se non con un termine inequivocabile: truffa.

Possibile che tanta gente creda a cure inefficaci? Sì, e il motivo principale è uno solo: la disinformazione. Per molti conoscere quello che è in realtà l'omeopatia potrebbe essere uno shock, sapere che l'agopuntura non è una pratica antica e millenaria potrebbe far crollare certezze assolute. Non è così scontato, infatti, che la gente sappia di cosa si stia parlando: entrambe le pratiche sono un misto di superstizione, pseudoscienza e fede dogmatica, arricchite da aneddoti e vere e proprie leggende che le rendono più affascinanti. Nessuna dimostrazione, nessun effetto benefico provato; chi le ha studiate sa che si tratta di cure inefficaci.

In questo libro faremo quindi un viaggio nella cattiva medicina, quella che illude, truffa, promette di curare quando non può farlo.

Conosceremo assieme le pratiche più incredibili, alcune chiaramente inattendibili, altre in apparenza efficaci. Lo scopo è imparare a tenere gli occhi aperti quando si parla di salute, un bene troppo prezioso per essere ceduto alle mani di ciarlatani e truffatori. Si resta liberi di curarsi come si vuole, e persino di non curarsi, ma la vera libertà è l'informazione: conoscere ciò che ci propongono, essere coscienti di quanto facciamo. Proverò a informarvi, per lasciarvi decidere se affidarvi al metodo scientifico o alle improvvisazioni, alle cure provate o alle illusioni mai dimostrate. Questo sarà il primo passo per stare meglio.

Prima parte

Le truffe della medicina

Le bufale in farmacia

Bracciali, coni e fasce

Quando da piccolo finivo i compiti, mio padre non mi concedeva subito di guardare i cartoni animati: prima dovevo (ma in fondo mi piaceva) leggere un capitolo dell'enciclopedia; forse i più giovani lo considerano uno strumento superato, ma per noi non più trentenni era l'internet dei nostri tempi. In quei volumi si parlava di tutto: scienza, natura, storia, geografia... Neanche a farlo apposta, dopo il libro sugli animali il mio preferito era quello sulla scienza. Prima di arrivare a leggere di medicina e corpo umano, bisognava necessariamente passare dal paragrafo dedicato alla figura del farmacista.

Ricordo la foto di un uomo in camice che consegnava una scatoletta a una bambina; poi l'immagine di uno strano individuo, vestito in modo bizzarro, circondato da vasi pieni di erbe e intento a pesare delle polveri su una bilancia: era il vecchio farmacista, quello di quando non esistevano industrie e macchinari, lo «speziale». Doveva scegliere, pesare, mescolare con abilità per confezionare i rimedi (pochi, in effetti) contro tutte le malattie (tantissime) dell'epoca. Quell'immagine mi ipnotizzava puntualmente. Immaginavo quanto preciso e preparato dovesse essere quell'uomo, che sapeva quali ingredienti scegliere e come combinarli; un'immensa sapienza tramandata di padre in figlio: allora le cause dei mali erano spesso sconosciute, quindi più che studiare bisognava affidarsi agli insegnamenti trasmessi dai propri maestri.

A guardare le farmacie di oggi, certo, qualche progresso lo abbiamo fatto; a volte, però, il sospetto che il farmacista dei tempi andati sia ormai, appunto, andato, è più che lecito: la farmacia non sembra più la bottega dove ottenere piccole quantità di una particolare miscela di erbe, ma un negozio nel quale accaparrarsi confezioni da decine di pillole, liste intere di farmaci, riserve di medicinali. Sapete quante confezioni di paracetamolo (un noto antifebbrile) sono state vendute in Italia nel 2012? 3,3 milioni solo nei primi sei mesi dell'anno.[1] Oggi in farmacia troviamo di tutto, dai cosmetici ai pannolini, dal profumo al sapone: un piccolo supermercato. E purtroppo troviamo anche prodotti che con la salute non c'entrano nulla. Non parlo solo dei rimedi omeopatici, venduti come curativi quando molto spesso non lo sono affatto, ma di veri e propri «giocattoli della salute» che, se analizzati con un minimo di occhio critico e consapevolezza, lasciano semplicemente allibiti.

Ad esempio, con ogni probabilità avrete sentito parlare dei «coni auricolari», piccoli coni di carta rivestiti internamente di cera, venduti allo scopo (presunto) di sciogliere il cerume che si accumula nelle orecchie. Sì, a volte l'eccessiva produzione di cerume (fisiologica: serve a ridurre la possibilità che nel padiglione auricolare si raccolgano sostanze estranee) può creare difficoltà all'udito, fastidio e addirittura otiti o dolori importanti. Per risolvere questi

---

[1] Dati del ministero della Salute, open data 2012, consultabili al sito: www.dati.salute.gov.it/dati/homeDataset.jsp.

problemi è necessario rimuovere la sostanza mediante un piccolo e semplice intervento, che un otorino può eseguire in ambulatorio in pochi minuti. Ma il richiamo del «fai da te» è irresistibile e così si trovano in commercio gli strumenti di cui dicevo. L'uso è semplice: si inserisce la punta del cono dentro l'orecchio, si accende l'estremità opposta e il calore sprigionato dovrebbe sciogliere il cerume in eccesso, facilitandone l'espulsione. Il risultato sembra visibile: se infatti apriamo l'involto noteremo una sostanza oleosa sulle pareti di carta. Evviva!

Ecco, le cose non stanno proprio così. Non solo il calore sviluppato non ha alcuna possibilità di sciogliere il cerume, ma può persino causare danni, talvolta molto seri. Come detto, le pareti interne del cono sono ricoperte di un materiale simile alla cera: è questo che, sciogliendosi, ci illude di aver in effetti liberato l'orecchio. Peccato che, liquefatta dal calore, tale sostanza possa scivolare all'interno del canale uditivo, addirittura fino al timpano. Sono descritte ustioni anche gravi, infezioni e persino perforazioni timpaniche. Danni evitabili, causati da un rimedio inutile e del tutto inefficace.

Come inutili e inefficaci sono le fasce per i polsi che, premendo in un punto specifico, ridurrebbero i sintomi detti «cinetosi» (il mal di mare e il mal d'auto, per intenderci). Sono in vendita proprio per questo: soffrite di nausea del viaggiatore? Navigare vi fa stare male? Basta indossare una fascia e tutto si risolverà.

Anche in questi casi non esiste alcuna dimostrazione di efficacia, alcuna evidenza che un effetto possa essere osservabile. Certo, qualcuno riferisce un miglioramento della sintomatologia, ma è troppo poco perché si parli di efficacia reale (probabilmente entra in gioco anche l'effetto placebo: siamo convinti di fare qualcosa per la nausea e già per questo ci sentiamo un po' meglio). Tali strumenti funzionerebbero secondo i principi dell'agopuntura, perché vanno a premere un punto particolare del polso, ma in effetti lì non vi sono strutture coinvolte nel meccanismo della nausea o dei malesseri da viaggio. È una bufala totale, e la scienza ci dice che non può funzionare. Perché li vendono? Perché qualcuno li compra. In determinate situazioni la gente è disposta a credere a tutto.

Uno degli esempi più lampanti mi sembra il fatto che alcuni credano di poter far «girare» un feto podalico mediante l'applicazione di coni fumanti su un dito del piede (quasi sempre il mignolo). La pratica si chiama moxibustione e deriva anch'essa dai concetti dell'agopuntura e dei canali di energia vitale che attraverserebbero il corpo (chiamati meridiani): se il feto che una donna porta in grembo non ha la testa rivolta «verso il basso» (la posizione fisiologica e più frequente) ma verso l'alto, le si pone un cono su un dito del piede e si dà fuoco all'altra estremità. L'operazione dura alcuni minuti e si devono effettuare diverse sedute. Può sembrare assurdo, ma qualcuno dice che funziona. Questa procedura insomma, non si sa come né perché, farebbe capovolgere i feti podalici. Gli studi condotti in merito ci dicono il contrario, e anche i pochi che sembrano mostrare una qualche efficacia non forniscono risposte definitive. Persino la semplice logica dovrebbe ribellarsi a una teoria così inconsistente e astrusa; eppure ci sono ancora donne che, consigliate da operatrici sanitarie poco aggiornate, ci credono.

E non è l'unico caso di pratiche chiaramente inattendibili che, con una giusta spinta pubblicitaria, trovano accoglienza tra la gente. Uno degli esempi più recenti (e assurdi) è stato il noto «braccialetto dell'equilibrio». Un semplice bracciale di gomma con un adesivo al centro che, a detta dei produttori, avrebbe migliorato performance fisiche, equilibrio e resistenza in chi l'avesse indossato. Analizzando la questione con razionalità potremmo concludere che nessuno si berrebbe la storia del costoso accessorio in gomma capace di migliorare le prestazioni fisiche. Il condizionale «potremmo» è d'obbligo, perché invece questo braccialetto è diventato un oggetto di tendenza in tutto il mondo, imitatissimo, realizzato in varie versioni; almeno fino a quando alcune autorità di regolamentazione del commercio hanno chiesto ai produttori la documentazione che ne dimostrasse (ma ce n'era davvero bisogno?) l'efficacia. Com'è ovvio, documentazione non ne esisteva e il bracciale miracoloso in breve tempo è scomparso dalla circolazione. Non prima, però, di aver reso ricchi i suoi produttori alle spalle di acquirenti che sono passati per gonzi.

Sulla scia di questo successo sono nati così altri oggetti che magicamente migliorano le prestazioni fisiche: magliette realizzate con tessuti particolari, cerotti, suole per scarpe, ciondoli e medagliette. La cosa più strana (o sfacciata) è che tutti questi oggetti recano chiara una scritta di avvertenza: non contengono nulla di particolare o di efficace, oltre al materiale con il quale sono stati realizzati. Tuttavia basta un nome un po' esotico, qualche termine tipo «*energy*», «*magic*» o «*power*» e una strategia di marketing azzeccata (magari con qualche testimonial conosciuto) e il gioco è fatto. Migliaia di acquirenti in tutto il mondo, per la gioia delle tasche di chi vuole fare affari alle spalle dei creduloni.

Simili oggetti hanno la stessa credibilità delle cremine scioglipancia di antica memoria o delle pozioni anticalvizie di inizio Ottocento: sono semplici illusioni, trucchi da baraccone che esercitano su di noi un fascino incredibile e irresistibile. E proprio per questo bisogna saper fare una giusta differenza tra farmaco attivo ed efficace e prodotti da banco, che hanno un valore commerciale, ma dal punto di vista medico e scientifico sono inutili. Anche se può sembrare strano, la scienza ha provato a studiare di tutto, leggende metropolitane e racconti popolari compresi. Esiste persino uno studio che misura l'efficacia dei braccialetti di rame sull'artrite. Non so se ne avete mai visti, in vendita su certe bancarelle o al polso di qualche amico: si dice che servano a «scaricare le energie negative» (ottimo esempio di aria fritta) o a mitigare la gravità dei dolori articolari e delle artriti. In linea di principio, oggetti simili non dovrebbero avere nessuna interazione con il nostro fisico utile a migliorare i dolori o a scaricare improbabili energie, eppure qualcuno ha provato a confrontarne gli effetti con quelli di diversi bracciali in rame (magnetici, smagnetizzati, semplici) su un gruppo di persone che soffrivano di artrite.[2] Sono state controllate le dichiarazioni dei pazienti a fine esperimento (relativamente al dolore e ai fastidi dell'artrite) e misurati alcuni parametri sanguigni normalmente alterati dalla malattia. Nessuna differenza né beneficio: quei braccialetti non servono a nulla. Stupiti? Qualcuno dirà che non serve certo uno studio scientifico per dimostrare un'evidenza simile, ma allora spiegatemi perché c'è gente che li compra e li indossa per stare meglio.

Dove ci sono ingenui ci sono truffatori

I rimedi alternativi, le pozioni magiche dei nostri giorni, le pratiche miracolose non fanno quasi mai male (tranne al portafoglio: farselo alleggerire in cambio di nulla non è una bella sensazione), ma non mantengono le loro promesse.

---

2 S.J. Richmond et al., *Copper Bracelets and Magnetic Wrist Straps for Rheumatoid Arthritis – Analgesic and Anti-Inflammatory Effects: A Randomised Double-Blind Placebo Controlled Crossover Trial*, «Plos One», 16 settembre 2013, consultabile al sito: www.plosone.org/article/info%3Adoi%2F10.1371%2Fjournal.pone.0071529.

I ciarlatani sono sempre pronti ad approfittare di noi, e bisogna tenere gli occhi aperti perché persino la persona più attenta e critica può finirne vittima. In caso contrario non si spiegherebbe come mai su internet qualcuno ha messo in vendita gli «anelli dell'immortalità»: due anelli con inserita una calamita, che, indossati ogni notte, farebbero ringiovanire progressivamente, fino a farvi diventare immortali. Sembra una bufala in cui nessuno cascherebbe, eppure li hanno acquistati in tanti; c'è stato persino chi ha protestato con il venditore, dato che dopo sei mesi di uso «si sentiva lo stesso» e il ringiovanimento non era avvenuto. Si arriva fino a questo punto? Purtroppo i meccanismi della nostra mente sono complicati, e in certi casi è possibile eludere la logica e il senso critico con poco. Questi esempi al limite dell'impossibile dimostrano la validità del detto: «Se vuoi dire una bugia, dilla grossa».

Probabilmente se fossimo bene informati, se non venissimo bombardati da pubblicità allettanti e ingannevoli, acquisteremmo solo ciò che ci serve davvero; allora scopriremmo con sorpresa che la maggioranza dei «rimedi» proposti dai mezzi di comunicazione (dalla televisione a internet) sono solo truffe. Sapremmo che per dimagrire le pedane vibranti e gli elettrostimolatori non servono a nulla, che non esiste al mondo nessun prodotto o farmaco capace di far ricrescere i capelli, che per perdere peso non possiamo affidarci ad alcuna pillola miracolosa. La nostra natura però ci porta a desiderare i miracoli, così qualcuno ce li vende; quando poi il miraggio svanisce ci sentiamo derubati, ma anche tanto stupidi.

Ho citato le pillole miracolose per dimagrire non a caso: in farmacia ne troviamo tantissime. Solo in pochi casi si tratta di farmaci (perché per quelli è necessaria una prescrizione medica con precise indicazioni, controindicazioni e limiti di vendita): la quasi totalità dei prodotti dimagranti da banco è costituita da semplici integratori alimentari. La confezione attira sfruttando immagini di donne magre e in forma o uomini muscolosi dagli addominali scolpiti, il nome commerciale è tutto un «*fast*» (veloce) o uno «*slim*» (magro), parole di certo più invitanti degli incomprensibili termini scientifici. C'è il prodotto che fa dimagrire pur continuando a mangiare e quello che ci riesce mentre si dorme. Insomma, il sogno di tutti: abbuffarsi a più non posso e poi, chissà per quale magia, perdere peso mentre si dorme.

Buste, barrette, pillole e compresse che promettono tutte un dimagrimento veloce, semplice ed evidente. Se non fosse che... una scritta piccolissima, quasi invisibile e relegata in un angolo della scatoletta, sottolinea come «il prodotto è utile se inserito in un corretto programma alimentare e fisico». Strano, no? Bene, proviamo con un'altra scatoletta (che costa una fortuna!): anche qui, tra l'immagine di una donna sorridente e quella di un uomo che corre sulla spiaggia, noto una scritta piccolissima. La allontano, perché comincio anche a perdere un po' di vista (a proposito, ma non esiste una pillola che guarisca i problemi visivi mentre si dorme?): «Il prodotto è un utile coadiuvante nell'ambito di un regime alimentare ipocalorico per il controllo del peso corporeo». Tradotto, questi integratori non vi faranno dimagrire, ci riuscirete solo mangiando di meno. Non ci si può nemmeno lamentare di essere stati truffati o ingannati: che quei prodotti non facciano dimagrire e per perdere peso serva una dieta ipocalorica accompagnata da un programma controllato di attività fisica ve lo dicono le scatole stesse. Paghiamo una bella sommetta di denaro per un integratore alimentare che non fa dimagrire, ma ci ricorda cosa serve per riuscirci.

Vi sembra che ci prendano per scemi?

Sì, in fondo è così. In tanti sognano di diventare come l'uomo che corre sulla spiaggia nonostante le lasagne al forno della mamma, o di avere la pancia della signorina sulla foto nonostante il panino con salame mangiato un'ora prima. Purtroppo non è possibile, e sono solo due le strade: rinunciare a quelle leccornie oppure, dopo lasagne e salame (da concedersi comunque saltuariamente e senza esagerare), mettersi di buona lena e dedicare un po' del proprio tempo all'attività fisica. Può essere difficile a volte, lo so, ma almeno non rischiamo di arricchire chi si prende gioco di noi.

Non c'è bisogno quindi di spendere soldi, farsi prendere in giro o diventare vittime del marketing, basta capirlo e abituarsi all'idea: alimentarsi deve essere un piacere che va oltre la necessità fisica, ma senza per questo condizionare la nostra vita. Tra i produttori di linee dimagranti, negli anni si è creata una sorta di «selezione naturale»: moltissimi prodotti sono scomparsi nel tempo, certi sono stati perfezionati affinando i componenti che avrebbero permesso di perdere peso, altri infine, visto il successo commerciale ottenuto, sono riusciti a entrare a pieno titolo in programmi di perdita di peso inseriti addirittura nei servizi sanitari nazionali di vari paesi (ad esempio negli Stati Uniti). In realtà, come ho scritto, la possibilità di perdere peso solo grazie a un integratore o una bustina di minerali è davvero un miraggio, ma quando questi prodotti sono utilizzati in un giusto programma dietetico e fisico (e torniamo al discorso precedente), possono aiutare a raggiungere l'obiettivo; spesso servono da «stimolo» o da placebo, talvolta possono essere dei sostituti dei lauti pasti ai quali rinunciamo con fatica. Uno studio su dozzine di prodotti con presunte proprietà dimagranti[3] ha mostrato

---

[3] K. Jolly, A. Lewis et al., *Comparison of Range of Commercial or Primary Care Led Weight Reduction Programmes with Minimal Intervention Control for Weight Loss in Obesity: Lighten Up Randomised Controlled Trial*, «British Medical Journal», 3 novembre 2011, consultabile al sito: www.bmj.com/content/343/bmj.d6500.

come solo uno di questi sia riuscito nell'intento, perché inserito in un contesto corretto e controllato. Emerge in modo abbastanza chiaro come il peso lo perda soprattutto chi segue bene il programma dietetico (banale, eh?),[4] indipendentemente dal prodotto acquistato in farmacia. Per farla breve, possiamo comprare qualsiasi cosa, ma senza volontà e sforzo fisico non riusciremo a perdere un grammo; chi crede il contrario si è lasciato illudere dalla pubblicità, la stessa che ci vorrebbe convincere di poter dimagrire bevendo acqua o di ringiovanire con una crema.

Già, anche il campo della cosmesi è diventato un mercato enorme, e le farmacie sono ormai complici (involontarie?) di chi cerca di venderci il sogno della bellezza. Sapete qual è la differenza tra una crema idratante in tubetto venduta al supermercato e una costosa confezione in vetro dell'ultimo prodotto dal velocissimo effetto ringiovanente (clinicamente testato!) che compriamo in farmacia? Nessuna. Anzi, no, una: il prezzo. Le creme più care, pubblicizzate come rimedi per i segni della vecchiaia, le rughe, la stanchezza del volto, spesso contengono ingredienti dai nomi convincenti: elastina, acido ialuronico, coenzima Q10... Sembrano sostanze incredibili, e sono senza dubbio componenti dalle proprietà idratanti e antiossidanti; quindi, in generale, potremmo inserire i prodotti che le utilizzano nella molto vaga categoria delle creme «antinvecchiamento». Le dosi e la forma farmaceutica, però, sono un grosso limite: in un barattolo c'è pochissimo principio attivo, che deve essere assorbito attraverso la pelle. Ciò

4 M.L. Dansinger, J.A. Gleason et al., *Comparison of the Atkins, Ornish, Weight Watchers, and Zone Diets for Weight Loss and Heart Disease Risk Reduction: A Randomized Trial*, «Journal of the American Medical Association», 5 gennaio 2005, consultabile al sito: jama.jamanetwork.com/article.aspx?articleid=200094.

significa che, nonostante abbiano qualche effetto «antietà», questo non sarà mai evidente o veloce come vogliono farci credere; non riuscirà mai a cancellare rughe o segni del tempo, non riavvolgerà il conto degli anni, ma si limiterà a un'azione idratante.[5] Simili prodotti, insomma, aiuteranno le cellule del nostro viso a trattenere più acqua, donando al volto per qualche ora un aspetto più tonico, rilassato, «giovanile». Quindi non esiste una sola crema ringiovanente (almeno nel senso letterale del termine), ma ce ne sono centinaia idratanti. Il punto è che prodotti del genere hanno tutti lo stesso effetto, indipendentemente dal prezzo o dalla marca. L'unico modo per modificare l'aspetto del nostro viso, oggi, resta la chirurgia estetica, con tutte le sue complicanze e i suoi limiti. La sorpresa finale è che alcune di queste creme, in indagini di associazioni di consumatori, hanno mostrato un'efficacia idratante minima se non nulla. Insomma, nessun miracolo, ma a volte qualche imbroglio sì.

Sto demolendo troppe speranze? Be', mi rimane da smontare un'ultima illusione: dopo creme antirughe inutili e diete farlocche, non ci resta che parlare di sesso.

Cara, stasera mi sento un bufalo

Se avessimo raccontato ai nostri nonni che un giorno, attorno al sesso, si sarebbe realizzato un vero e proprio commercio – e non mi riferisco alla prostituzione, ma al mercato «sanitario» – ci avrebbero riso in faccia... O no?

---

[5] T. Pavicic, G.G. Gauglitz et al., *Efficacy of Cream-Based Novel Formulations of Hyaluronic Acid of Different Molecular Weights in Anti-Wrinkle Treatment*, «Journal of Drugs in Dermatology», settembre 2011.

No. Sin dall'alba dei tempi l'uomo ha cercato rimedi che lo rendessero più prestante e vigoroso durante l'atto sessuale. Esistono vere e proprie patologie, anche gravi, che possono condizionare quest'aspetto della vita personale e di coppia; in simili casi il consulto di un medico è necessario e non rinviabile. Inoltre, particolari stati fisici o malattie preesistenti possono influire direttamente sulle funzioni sessuali: l'ipertensione arteriosa, il diabete, l'assunzione di farmaci sono solo alcune delle condizioni che hanno un effetto anche sugli organi genitali o addirittura sulla produzione ormonale, e possono influire negativamente sulla funzionalità dei nostri organi riproduttivi.

Fortunatamente negli anni qualche passo avanti è stato fatto, ed esistono farmaci che risolvono, o almeno migliorano, i problemi maschili o femminili legati alla sessualità. In questo campo, il mercato farmaceutico ha conosciuto un vero e proprio boom, con un'intera classe di farmaci ad azione vasodilatatoria (tale quindi da indurre la dilatazione dei vasi sanguigni) che agiscono direttamente sugli organi sessuali, tanto degli uomini quanto delle donne. L'efficacia, pur con alcuni limiti e precise controindicazioni, è abbastanza alta; si è però diffusa l'errata convinzione che il loro uso possa trasformare chiunque in un «superamante», mentre in realtà agiscono solo in chi ha problemi di erezione. Il loro costo è comunque elevato (recentemente è scaduto il brevetto industriale della molecola, e sono ora disponibili sul mercato delle formulazioni a prezzi notevolmente più bassi), motivo per cui è nato quello che potremmo definire un mercato nero, attivo in particolare su internet e pericolosissimo: sono segnalati decessi e gravi effetti collaterali, compresi avvelenamenti a causa di preparazioni non corrette.

Inoltre si è sviluppata una nuova generazione di prodotti da banco, che hanno la pretesa di imitare l'azione del farmaco più noto. Anche in questo caso, come in quello dei rimedi dimagranti, è il marketing a fare il lavoro più importante. Gli afrodisiaci da banco non sono farmaci, ma integratori contenenti quasi sempre piccolissime quantità di erbe o estratti di piante con presunte proprietà erotizzanti; peccato che, dato lo scarso dosaggio o addirittura l'assente azione sull'uomo del principio attivo, non sono più efficaci di una pastiglia di vitamina C. In molti casi la sostanza presente nella pianta non è nemmeno contenuta nel prodotto finale.

Come fare allora per invogliare il consumatore? Promettendogli notti da sogno. Con il solito trucco dei nomi invitanti e delle immagini allusive, la vendita è assicurata. La fantasia in questo campo non manca, al punto che mi ritrovo io stesso in difficoltà: non riesco a inventare dei nomi allusivi per non fare pubblicità, esistono già tutti. Provate anche voi, verificherete facilmente cercando su Google quanto sia difficile immaginare un nome ancora libero.

Ora, potrei elencarvi centinaia di studi scientifici per confermare quello che avete già capito: questi prodotti non servono a niente. Li troviamo sugli scaffali delle farmacie o su internet (canale di un vero e proprio traffico di falsi farmaci e pseudomedicine), dovrebbero contenere rare erbe amazzoniche o asiatiche, e promettono prestazioni sessuali da record. Ma se si analizza il contenuto, le dosi consigliate e se ne valuta l'attendibilità scientifica, si scopre che nella maggioranza dei casi si tratta di semplici multivitaminici con qualche sale minerale capace, al limite, di blandi effetti antiossidanti. Quei componenti, in quelle dosi e con quelle forme farmaceutiche, non potrebbero in alcun modo renderci più virili.

C'è un particolare, però: anche in questo caso può agire l'effetto placebo, ovvero la capacità del nostro corpo di reagire positivamente agli stimoli mentali; solo così una semplice compressa di vitamine e sali minerali può diventare una «superpillola» dagli effetti straordinari. Non è comunque un male, purché non si soffra davvero di problemi della sfera sessuale; in tal caso, infatti, non ci sarà effetto placebo che tenga. Quando i risultati di questi prodotti sono studiati seriamente e confrontati con dei placebo (sostanze innocue prive di qualsiasi principio attivo), il loro effetto scompare (uno studio ottimista parla di «effetti discutibili»):[6] nessuna azione sull'attività, sulla funzionalità o sulla soddisfazione della vita sessuale di chi li usa. Naturalmente qualcuno tra i pazienti riferisce un certo livello di efficacia, ma si tratta di dati troppo poco significativi per escludere l'effetto placebo.

Bisogna dunque ribadire che se si è di fronte a un problema reale, fisico o psicologico, è bene rivolgersi al proprio medico senza imbarazzi o reticenze; se invece si vuole sognare un futuro da grande amatore, in assenza di problematiche mediche le armi sono altre: la fantasia ad esempio, o il *savoir faire*. Rimedi assolutamente gratuiti e senza controindicazioni, mentre, cedendo alle lusinghe delle false pillole afrodisiache, più che sentirsi un toro si rischia di credere a una bufala.

Una fregatura mondiale

Abbiamo parlato di come ciascuno possa farsi condizionare dalla pubblicità e dalle lusinghe del marketing farmaceutico.

---

[6] M.A. Moyad, *Prevention and Treatment of Erectile Dysfunction Using Lifestyle Changes and Dietary Supplements: What Works and What Is Worthless*, in Gregory A. Broderick (a cura di), *Oral Pharmacotherapy for Male Sexual Dysfunction*, Humana Press, Totowa 2004.

Come abbiamo visto, c'è un preciso piano commerciale dietro a certi prodotti da banco; il consumatore ha pochi mezzi per difendersi e alcune aziende le studiano tutte per aggirare le leggi, cercando di rendere appetibile il loro prodotto a chi desidera risolvere un problema di salute più o meno grave. Fino a qui c'eravamo arrivati.

La cosa forse più notevole è che anche i governi delle nazioni più ricche e sviluppate al mondo si sono lasciati fregare. I fatti, pur noti, non sono mai arrivati in prima pagina, sebbene questo spreco economico, derivante da nebbiose manovre industriali, abbia coinvolto tantissimi Stati, tra cui anche il nostro. Nel 2009, le stime indussero l'Oms (Organizzazione mondiale della sanità) ad avvertire le autorità che la successiva ondata di influenza sarebbe stata molto violenta e pericolosa; l'estensione prevista, inoltre, completava il quadro di una possibile pandemia. Questa valutazione mandò in allarme molti governi; oltre al pericolo sanitario (l'influenza può avere complicazioni anche letali, soprattutto in soggetti a rischio), si rischiava la paralisi di tutte le attività: scuole, ospedali, forze dell'ordine... Se il virus influenzale avesse colpito in maniera così decisa, il rischio di vedere bloccata un'intera nazione era reale.

Oltre ai normali rimedi di prevenzione (igiene delle mani, evitare i luoghi affollati...), non esiste una vera cura per le malattie virali, ci si può vaccinare contro alcuni ceppi di influenza, ma come curare gli eventuali casi che si sarebbero verificati di lì a poco? Era il pensiero di decine di ministeri in tutto il mondo.

Neanche a farlo apposta, qualche anno prima fu messo in vendita un prodotto antivirale, l'oseltamivir (nome commerciale Tamiflu®), che secondo gli studi era capace di evitare in certi casi il contagio ma soprattutto di migliorare i sintomi della malattia riducendo in maniera significativa i giorni di convalescenza.[7] Diversi paesi, tra cui l'Italia, acquistarono milioni di confezioni del prodotto a scopo preventivo; in pratica, se davvero fosse arrivata la pandemia influenzale, avremmo avuto una scorta terapeutica per buona parte della popolazione. Immaginate solo per un momento i guadagni stratosferici dell'azienda produttrice del farmaco: oltre alle già alte vendite nel normale canale farmaceutico, i governi di decine di paesi acquistarono milioni di confezioni. D'altronde l'efficacia del farmaco era stata sostenuta in diversi lavori scientifici, e persino gli enti membri della Cochrane Collaboration (un'iniziativa internazionale non profit, indipendente e serissima, che valuta l'evidenza scientifica di farmaci e procedure mediche) per ben due volte confermarono il funzionamento del prodotto contro l'influenza.

Tutto bene, sembrerebbe.

E invece no, visto che qualcuno, in particolare il pediatra giapponese Keiji Hayashi, fece notare come i dati a sostegno dell'efficacia del farmaco fossero pochi e non sufficienti, comunicandolo anche agli autori della Cochrane che avevano «revisionato» per ben due volte l'efficacia dell'oseltamivir. All'improvviso sembrarono svegliarsi tutti da un sogno, e apparve chiaro che Hayashi aveva ragione: di dati ne esistevano davvero pochi, risultavano da un solo studio ufficialmente pubblicato (mentre altri dati disponibili non furono mai presentati, restando negli archivi dell'industria farmaceutica) e oltretutto evidenziavano un'efficacia minima o nulla: i sintomi influenzali in chi utilizzava il farmaco

[7] L. Kaiser et al., *Impact of Oseltamivir Treatment on Influenza-Related Lower Respiratory Tract Complications and Hospitalizations*, «Archives of Internal Medicine», 23 luglio 2003, di cui un abstract è consultabile al sito: www.ncbi.nlm.nih.gov/pubmed/12885681.

scomparivano circa sei ore prima rispetto a chi non assumeva alcuna terapia. La vicenda scatenò uno scontro infuocato tra vari scienziati e la casa farmaceutica. Continui tira e molla, richieste di dati che non arrivavano, venivano dichiarati smarriti, poi di nuovo promessi e mai inviati. L'azienda farmaceutica, la Roche, cercò inoltre di far sottoscrivere a uno degli studiosi che chiedevano quei materiali una clausola, in base alla quale si impegnava a non rivelare i documenti forniti, a non raccontare di questo accordo e a non utilizzare le informazioni in altri contesti. Lo scienziato, Tom Jefferson, rifiutò.

Ancora oggi la Roche non ha pubblicato o affidato a controllori esterni tutti i dati relativi al suo prodotto, mentre la revisione delle evidenze scientifiche alla luce dei nuovi fatti mostra come il farmaco non sia da considerare come «cura dell'influenza», fino a prova contraria.[8]

Interessante notare come l'intera storia sia emersa in seguito alla denuncia di un divulgatore scientifico inglese molto noto, Ben Goldacre, e abbia ottenuto visibilità grazie all'Ema (l'agenzia europea del farmaco), all'Oms e al «British Medical Journal», una delle riviste scientifiche più prestigiose al mondo.

Sulla scia della vicenda è nato un movimento per chiedere la pubblicazione di tutti i dati relativi a qualsiasi ricerca scientifica, ed è partita una campagna mondiale che solo in certi paesi ha raggiunto l'eco adeguata (da noi non se ne parla nemmeno, provate a cercare «All Trial» su internet). I risultati degli esperimenti dovrebbero essere pubblici e a

---

[8] T. Jefferson et al., *Neuraminidase Inhibitors for Preventing and Treating Influenza in Healthy Adults: Systematic Review and Meta-Analysis*, «British Medical Journal», 8 dicembre 2009, consultabile al sito: www.bmj.com/content/339/bmj.b5106.

disposizione di tutti, che siano positivi o negativi (e sono questi ultimi i dati spesso nascosti).

Questa storia ci ricorda come le case farmaceutiche siano padrone non solo della nostra salute ma anche dei nostri soldi (gli Stati che hanno fatto scorta del farmaco hanno speso milioni di euro), e dovrebbe diventare un monito a non ripetere simili errori in futuro. Solo una presa di coscienza del problema potrà proteggerci da «incidenti di percorso» che paghiamo tutti, nella speranza di avere un giorno governanti un po' più competenti e oculati. Se non è chiedere troppo.

Marketing sulla nostra pelle

Messaggi ingannevoli

Oggi le aziende farmaceutiche spendono milioni di euro in marketing diretto e indiretto, evidente o subdolo, indirizzato ai consumatori (i potenziali pazienti) e ai prescrittori (i medici): questo perché hanno capito che rende molto di più un prodotto commercialmente allettante di una cura utile ma meno «appariscente». I medicinali più venduti in farmacia sono quelli che ottengono maggiore eco sui giornali e sui cartelloni pubblicitari: avete mai visto una réclame dell'insulina? Be', non la vedrete mai, perché il mercato del paziente diabetico è stabile, conosciuto; si tratta di un'entrata economica sicura come i vaccini, che rappresentano una delle voci meno lucrative per le casse delle ditte farmaceutiche. Le aziende quindi puntano su nuovi settori, sulle compresse per la cellulite, gli integratori, gli afrodisiaci, i farmaci contro la calvizie, tutti problemi certamente importanti, ma che non rappresentano una malattia letale o un serio problema di salute.

In effetti, un'azienda farmaceutica non guadagna soprattutto dagli antibiotici o dai vaccini, ma da tutta una serie di iniziative commerciali secondarie che puntano al largo consumo, come gli analgesici o le vitamine.

Nella mia quotidiana esperienza professionale, su dieci visite in ospedale da parte di informatori scientifici del farmaco, nove riguardano integratori, prodotti di bellezza, vitamine, creme e cremine; solo una è relativa a «farmaci veri». Se dovessi giudicare da questo il mio lavoro, più che un ginecologo sarei un estetista.

Quando crediamo di aver bisogno di un prodotto per la salute, quindi, dobbiamo sempre chiederci: «Mi serve davvero o sto solo abboccando a una pubblicità?». Perché il marketing farmaceutico ha un unico obiettivo: farci credere che l'inutile sia fondamentale per la nostra salute. Dovremmo riflettere e decidere ricordando che siamo bersagli di messaggi ingannevoli, poco chiari se non evidentemente falsi.

Ricordate la pubblicità dell'«acqua che elimina l'acqua»? Bere acqua minerale di una marca ben precisa ci aiuterebbe a eliminare l'acqua. Incredibile e invitante, se non fosse che qualsiasi acqua, persino se inquinata o sporca, rimpiazza quella presente nel nostro organismo; in caso contrario avremmo dei reni malati, non funzionanti. La scritta «può avere effetti diuretici» nelle etichette delle acque minerali equivale a un ipotetico cartello «può bruciare» sul fornello della cucina. Siamo talmente stupidi noi consumatori? No, in realtà siamo ingenui, vogliamo sentirci dire ciò che ci piace: se un'acqua elimina l'acqua sicuramente farà bene alla salute e quindi la acquistiamo. Se un'acqua è «indicata nelle diete povere di sodio» è da comprare subito; non pensiamo che l'unica acqua controindicata nelle diete povere di sodio (ovvero che prevedono un ridotto apporto di sale) sarebbe quella di mare: avvertiti, dunque, non bevete l'acqua di mare che è salata! Farci credere che assumere una pastiglia o un integratore possa cambiare la nostra vita è il passo successivo, quello che ha fatto diventare il mercato degli integratori uno dei business più redditizi del nostro secolo.

Integratori e vitamine, ci servono?

Già: quello degli integratori è uno dei mercati più sviluppati della nostra epoca, e genera guadagni enormi. Sugli scaffali di una farmacia sono in bella vista vitamine per tutti i gusti: per la menopausa, per lo sportivo, per l'uomo, la donna, il bambino. Sono integratori. Il termine stesso dovrebbe far capire che non servono a niente se si è in buona salute. Essere donna o uomo, essere in menopausa o fare lo sportivo non sono malattie, e chiunque si trovi in questo stato e abbia una vita e un'alimentazione «normale» non ha alcun bisogno di integrare.

L'integrazione di vitamine ha senso solo quando, per cause diverse (malattie, terapie in corso, malnutrizione, convalescenza e altro), il nostro organismo non trova sufficiente sostegno nutritivo dalle sostanze apportate dall'alimentazione quotidiana. In questo senso, integrare ciò che serve ha un significato anche terapeutico, altrimenti assumere vitamine o integratori non serve a nulla. A chi acquista, intendo; perché chi li produce ha tutto l'interesse a far credere che è fondamentale assumere tale vitamina, integrare quel sale minerale, prendere la pillola capace di salvarci da giornate tristi. Si tratta di marketing: guardate le scatole colorate, le immagini di famiglie felici e mamme in piena forma che con una pillola dimenticano gli stress e le fatiche di tutti i giorni. Sembra quasi che senza le pastiglie di vitamine la nostra vita si trasformi in un grigio susseguirsi di ore tristi.

Eppure non vi è nessuna prova che l'integrazione (immotivata) di vitamine migliori le performance psichiche o fisiche di una persona in salute (cosa dovrebbe migliorare in chi sta bene?). Non solo: si è visto che c'è chi esagera ed entra in sovradosaggio (alcune vitamine a livelli eccessivi possono essere tossiche), in altri casi si è notato che l'assunzione di integratori fa sentire «protetti», e certi individui si permettono poi stili di vita non salutari.

L'idea dell'integrazione inutile non è nuova; è, al contrario, una delle prime invenzioni dell'industria farmaceutica. Tutto iniziò con i derivati dell'olio di pesce che avrebbero avuto un benefico effetto sull'intelligenza dei bambini. La pubblicità si appoggiava a ricerche secondo le quali i bambini che assumevano l'olio di pesce ottenevano risultati scolastici migliori, ed era tanto l'entusiasmo che ci furono persino scuole pronte a lanciare campagne per l'integrazione di questa sostanza nella dieta degli scolari. La ricerca esisteva, ma in base ai dati il miglioramento di rendimento scolastico (lieve) era presente anche nei bambini che non avevano assunto l'integratore. Una vera e propria bufala alimentare. L'idea di «aiutare» i bambini nello sviluppo deriva dalle paure del dopoguerra, quando si soffriva davvero la fame, le mamme desideravano a tutti i costi dei bambini forti e in salute e non erano rari i casi di malnutrizione (in quel contesto l'integrazione sarebbe stata una panacea, in effetti). Nacquero così i «ricostituenti»: sciroppi, caramelle, oli, beveroni con qualsiasi ingrediente desse l'impressione di poter fare bene al pargolo. Io stesso ricordo le mie resistenze (strenue, a dire il vero) al cucchiaio colmo di olio di fegato di merluzzo proposto da mia mamma e prescritto dal pediatra.

L'altra faccia di questa moda è che gli integratori costano tanto. Se avessero davvero un'utilità si potrebbe comprarli volentieri, ma spendere per qualcosa che non ci serve ha un nome ben preciso: consumismo. Ecco cosa rappresentano gli integratori che si trovano nei banchi delle farmacie e anche, ormai, in quelli dei supermercati. La cosa migliore da fare? I soldi che avreste destinato a un integratore usateli per comprare una bicicletta: è più divertente, fa bene alla salute, previene molte malattie e può persino aiutare a fare nuove amicizie.

Dite che andare in bicicletta è molto più faticoso dell'ingurgitare una pillola colorata? Avete ragione: ma l'alternativa è l'ozio, e questo bene non fa. Sta a voi scegliere, perché la via che sembra più semplice spesso non è la migliore.

I trucchi della ricerca (e delle aziende farmaceutiche)

Minimizzare i rischi, massimizzare i profitti

Esistono decine di modi per trasformare uno studio ben fatto in qualcosa di assolutamente inattendibile. Inattendibile in senso scientifico potrebbe significare conveniente dal punto di vista economico: le aziende vivono di soldi, non di scienza.

Sia ben chiaro, i «trucchi» scientifici non sono solo appannaggio dei ciarlatani o di chi apprezza le medicine alternative, ma sono usatissimi anche dalla ricerca scientifica ufficiale, da quella standard che viene considerata attendibile, soprattutto quando questa è finanziata (come purtroppo ultimamente accade fin troppo spesso) dalle aziende farmaceutiche.

Se un'azienda commissiona a un ricercatore lo studio relativo al proprio farmaco che deve essere immesso sul mercato, ci sono due possibilità: lo studio conferma le aspettative (il farmaco funziona e non ha particolari effetti collaterali) o le smentisce (il farmaco non funziona o, se funziona, ha inaccettabili effetti collaterali). In realtà oggi i farmaci davvero nuovi sono pochi, dopo il boom degli anni Settanta, la scoperta di nuove molecole è rara e si assiste quasi sempre alla produzione di sostanze già esistenti che sostituiscono, quando rivelatesi efficaci, altre sostanze già in commercio perché migliori o con meno effetti collaterali. Per questo motivo si leggono spesso ricerche che paragonano un nuovo farmaco a uno esistente e si misurano gli effetti collaterali o l'efficacia in rapporto a esso. Ci sono tanti modi per trasformare uno studio poco redditizio (in termini scientifici e commerciali) in una miniera d'oro. Basta guardare (e rilevare) ciò che interessa o trascurare ciò che può essere scomodo (ad esempio un pesante effetto collaterale).

Quando una casa farmaceutica investe miliardi nello sviluppo di un nuovo farmaco, ha bisogno di ricerche che ne certifichino la validità, che ne giustifichino l'uso, e non gradisce che le stesse ricerche vanifichino anni di studio e soldi spesi. Rimediare in questi casi può essere semplice. Nessuna ricerca riesce a verificare l'efficacia di un nuovo e promettente prodotto? Poco male, focalizziamoci su quelle che sottolineano la mancanza di effetti collaterali in confronto agli altri farmaci in vendita, sarà una giustificazione più che sufficiente per commercializzare il nuovo prodotto. Sono evidenziati alcuni rischi nell'uso del nuovo farmaco? Minimizziamoli, proviamo a concentrare i risultati sull'effetto sicuramente superiore rispetto ai farmaci già esistenti. Per far questo basta giocare con i dati, con i campioni analizzati o con le dosi e il modo di somministrazione del farmaco.

Sono sottigliezze, piccoli trucchi (e raramente vere e proprie truffe scientifiche) che non risultano evidenti agli occhi di un profano o a chi non ha dimestichezza con la ricerca medica, con i numeri o con termini come «significatività» e «regressione verso la media». Per questo una ricerca scientifica che pretende di essere accurata deve sottostare ad alcune regole, e anche chi legge può giudicare il livello della pubblicazione dal metodo utilizzato per svolgere l'esperimento. Uno studio costosissimo ma condotto male vale ben poco, è scientificamente inutile e fuorviante, sebbene giunga a risultati all'apparenza strepitosi.

Placebo e bias: come falsare i risultati

Uno dei metodi più comuni e semplici per diminuire il rischio di influenze esterne è condurre l'esperimento in «doppio cieco» (*double blind* in inglese). In questo caso né chi somministra il farmaco né «la cavia» sa cosa sta testando, se il farmaco vero o il placebo con il quale si vuole confrontarlo. È il modo più classico per evitare che chi somministra il farmaco condizioni il risultato. È accertato infatti che anche le modalità di somministrazione, l'atteggiamento di chi compie il test e addirittura le sue parole, possono falsare totalmente i risultati di un esperimento. Sappiamo che persino il colore di una compressa può far variare i risultati della prova: una compressa rossa risulterà (anche se di poco) più efficace di una compressa blu, sebbene entrambe siano composte solo da zucchero. Si chiama effetto placebo e si tratta di una serie di reazioni che un individuo, solo perché condizionato dai benefici dell'assunzione di un farmaco, registra come positive per il proprio organismo.

Poi c'è il «rumore di fondo». Il fatto stesso di sentirsi sotto controllo, di partecipare a un esperimento, di sapere di essere osservati, può modificare il comportamento di un soggetto che fa parte di una sperimentazione. Si chiama effetto Hawthorne-Mayo.

L'effetto prende il nome da un esperimento che si svolse nel 1927 nella fabbrica della General Electric con sede a Hawthorne, negli Stati Uniti. Si doveva studiare l'efficacia della luce elettrica in relazione alla produttività industriale. Fino ad allora nelle case e negli stabilimenti l'unica luce disponibile era quella (fioca) emessa dalle lampade a petrolio. Si volle sperimentare se lavorare in un ambiente più illuminato e confortevole come quello ottenuto con le lampade elettriche aumentasse il livello di produzione degli operai. Gli sperimentatori li divisero in due gruppi: uno lavorò come sempre alla luce delle lampade a olio, mentre l'altro con l'illuminazione artificiale.

Alla fine dell'esperimento i risultati furono evidenti: la luce elettrica aumentava la produttività, gli operai che lavorarono con un'illuminazione artificiale produssero di più e lo fecero più velocemente. Un particolare però suscitò una certa curiosità: anche gli operai che continuarono a lavorare alla luce delle lampade a olio aumentarono la produzione, meno degli altri ma lo fecero. Il sociologo che condusse l'esperimento, Elton Mayo, concluse che il fatto di sentirsi controllati e di sapere di far parte di un test indusse quegli operai a impegnarsi di più, a lavorare meglio e più in fretta, indipendentemente dalla fonte di illuminazione.

Questo significa che un esperimento clinico potrebbe presentare un suo errore intrinseco: i pazienti potrebbero credere di sentirsi meglio solo per il fatto di far parte di una sperimentazione e di dover rispondere dei loro sintomi a chi la conduce. Un uomo obeso che testasse una pillola dimagrante, ad esempio, potrebbe fare di tutto per mostrare degli effetti e lo farebbe a livello conscio o inconscio. Assieme alla pillola comincerebbe a mangiare meno e meglio, farebbe più attività fisica e perderebbe molto peso indipendentemente dall'effetto del farmaco e solo perché sa che alla fine qualcuno lo controllerà e gli chiederà conto dei risultati ottenuti. In questo soggetto la pillola (vera o placebo) otterrà senza dubbio risultati ben maggiori di quelli dipendenti soltanto dalla sua composizione, e la maggioranza dei chili persi potevano esserlo semplicemente seguendo uno stile di vita più sano e controllato, senza l'aiuto di alcun farmaco.

Tutto questo ci fa capire come un piccolo errore percepito come trascurabile in realtà potrebbe condizionare in maniera irrimediabile i risultati di una lunga ricerca. Il «bias», è questo il nome dei fattori esterni o interni allo studio che possono condizionare una ricerca, è difficile da eliminare del tutto, ma non è raro che qualcuno inserisca di proposito degli errori di metodo o dei fattori condizionanti, proprio perché vuole ottenere il risultato sperato. Succede in tanti studi che nessuno mette in discussione.

Se il fenomeno è sfruttato a piene mani dalle ricerche «alternative» (i dati sono stati sfruttati in modo da ottenere il risultato voluto), non mancano purtroppo però gli esempi di scienza «seria» che compie lo stesso errore. Quanto questo sia fatto in buonafede o con intenzioni malevole non è facile dirlo, ma si tratta in ogni caso di errori che rendono inutile e non conclusiva una ricerca scientifica.

Quando la scienza è cattiva

Il lato oscuro della medicina

I trucchi scientifici, la manipolazione dei dati, la disonestà e la furbizia non sono esclusive caratteristiche dei ciarlatani: anche seriosi scienziati insospettabili possono essere capaci dei peggiori crimini sanitari.

L'uomo, grandioso nella sua instancabile ricerca del progresso, sa essere, in certi momenti di buio della ragione, venale e bugiardo, stupido e truffaldino; può sbagliare, e farlo in buona o in cattiva fede.

Di errori drammatici la storia della medicina ne ha conosciuti tantissimi e oggi questi esempi di superficialità o di disonestà (quando non di cattiveria fine a se stessa) sono considerati simboli di ciò che uno scienziato deve a ogni costo evitare, pena l'infamia eterna. Perché, se diffidare di un incompetente o un millantatore è quasi scontato, fidarsi di un professionista stimato lo è allo stesso modo. La disonestà dell'esperto quindi è molto più pericolosa e subdola, perché il danno che ne deriva potrebbe avere conseguenze spaventose: le conclusioni false di uno studio potrebbero condizionare la produzione di un farmaco o la costruzione di un macchinario medico. È già accaduto, e si tratta delle peggiori storie di cattiva medicina, a volte dovute a errori involontari ma terribili, altre a consapevoli falsificazioni. La scienza deve essere disciplinata dall'etica; non si possono accettare recinti religiosi o dogmatici, ma il senso morale della scienza è regolato dall'obbligo di rendere all'uomo un servizio, risultato dello sforzo mentale e fisico del ricercatore.

Racconterò quattro vicende che riguardano proprio la drammatica possibilità insita nell'uomo di sbagliare, consapevolmente o meno, provocando danni al prossimo. Una bizzarra coincidenza accomuna questi casi: iniziano tutti con la lettera T. Thalidomide, Thorotrast®, Therac, Tuskegee sono quattro dei nomi che più di tutti rappresentano l'altra faccia della scienza, quella cattiva, la più brutta.

Eccolo, quindi, il lato oscuro della medicina.

Il caso Thalidomide

Questa è la raccapricciante storia di un farmaco, la Thalidomide (o Talidomide), sperimentato alla fine degli anni Cinquanta e messo in vendita dopo un «regolare» (per gli standard di quegli anni) periodo di sperimentazione. Sembrava un prodotto rivoluzionario: un sedativo antinausea senza particolari effetti collaterali e quindi particolarmente indicato per i disturbi del primo trimestre di gravidanza.

Nel 1956 l'industria farmaceutica tedesca Grünenthal (ancora esistente) commissionò i test clinici del principio attivo a Wilhelm Kunz, capo del dipartimento chimico interno, che effettuò gli esperimenti. Definì i risultati positivi e non riscontrò particolari rischi per i pazienti. In realtà il tutto si era svolto in modo molto affrettato, le conclusioni erano basate su elementi debolissimi e controlli praticamente inesistenti. I risultati dei test erano solo una raccolta di dati provenienti da varie parti del mondo.

Uno studio condotto anche su donne in allattamento fece concludere alla Grünenthal che il farmaco non provocava danni né a loro né ai neonati; un altro, effettuato a Singapore, parlava di mancanza di effetti collaterali su donne in gravidanza, senza però alcun accenno a eventuali effetti sul feto. Posto in commercio, il prodotto si diffuse rapidamente e, non essendo controindicato in gravidanza, venne prescritto alle donne incinte proprio per le sue proprietà. Come credo sia noto a tutti, la nausea nelle prime settimane di gestazione è un problema quasi irrisolvibile e i farmaci disponibili in quegli anni erano controindicati. Le vendite andavano bene, il medicinale si poteva acquistare senza ricetta e non evidenziava particolari problemi.

Poi, nel 1960, il dottor Widukind Lenz presentò a un congresso di pediatri il caso di due bambini malformati, privi degli arti superiori e inferiori, e si riferì per la prima volta alla Thalidomide quale possibile causa da indagare. La sua affermazione venne giudicata esagerata e non venne preso in considerazione.

Quasi un anno dopo la sua comparsa sul mercato, però, si notò un'eccezionale incidenza di gravi malformazioni neonatali, segnalate da alcuni medici di famiglia all'azienda produttrice del farmaco. Questa continuò a inviare report che «provavano» l'innocuità del proprio prodotto oppure non rispondeva alle richieste di approfondimento. In uno studio l'azienda sottolineava come un professore di Ostetricia avesse utilizzato la Thalidomide nel suo reparto senza evidenziare alcun problema. Anche qui vi era una manipolazione (volontaria?): le donne trattate non erano in gravidanza ma in allattamento. Furono proprio la scarsità di documentazione e la debolezza degli studi a indurre la Food and Drug Administration americana a rifiutare la messa in commercio del farmaco negli Stati Uniti; questo probabilmente salvò migliaia di bambini e valse all'ispettrice Frances Oldham Kelsey, che prese la decisione, l'encomio da parte del presidente J.F. Kennedy.

Ma il dramma non era che all'inizio. Le nascite di bambini malformati continuavano ad aumentare in tutto il mondo: si notò un'altissima concentrazione di piccoli affetti da focomelia (che normalmente colpisce un neonato ogni quattro milioni), una malformazione caratterizzata dalla mancanza delle ossa lunghe di braccia o gambe o addirittura dall'assoluta assenza degli arti, oltre a diversi altri problemi più o meno gravi. Non poteva essere un caso.

Diversi medici indagarono su quello che stava succedendo: sembrava ormai chiaro che le anomalie anatomiche potessero avere una causa comune. L'ostetrico australiano William McBride e Widukind Lenz, il pediatra tedesco che aveva lanciato l'allarme, studiarono i casi e segnalarono il possibile collegamento tra l'assunzione della medicina e la comparsa di deformità fetali. In seguito il dottor Lenz dimostrò con uno studio statistico la correlazione e inviò i suoi dati al ministero della Salute tedesco. Tra il 1960 e l'anno successivo nacquero almeno ventimila bambini focomelici in tutto il mondo, circa ottomila in Europa; il paese più colpito fu proprio la Germania.

All'inizio del 1961 la Grünenthal fu messa sotto pressione con la richiesta di chiarimenti e l'obbligo di fornire ulteriori e più precise prove delle sperimentazioni del farmaco, ma reticenze e ritardi causarono altre vittime. Solo quando l'eco del dramma arrivò sui giornali di tutto il mondo l'azienda fu costretta a fare un'ammissione scandalizzante: il farmaco non era mai stato provato su donne in gravidanza per testarne gli effetti sul feto.

Ma a colpire l'opinione pubblica e gli stessi operatori sanitari furono soprattutto i risultati delle inchieste successive. La

Grünenthal sapeva di questo particolare ma lo sottovalutò fidandosi della mancata segnalazione di eventi avversi. E dopo i primi riscontri, l'azienda evitò ogni intervento temendo il ritorno negativo d'immagine e di fatto consentendo che altri bambini fossero danneggiati dal loro prodotto.

Ma nel dicembre del 1961, davanti all'innegabile, la Thalidomide fu ritirata con procedura d'urgenza da tutte le farmacie e ne fu proibita la vendita. In Italia una delle forme commerciali della Thalidomide si chiamava Sedimide®, altre confezioni in commercio avevano il nome di Imidene® e Quietoplex®.

Nel 1968 iniziò il processo a carico dell'industria tedesca: centinaia di famiglie e di «figli della Thalidomide» accusarono la società e i suoi dirigenti di aver deliberatamente avvelenato la popolazione e di non aver fatto nulla per impedirlo.

Il processo era monumentale e i difensori della Grünenthal ne approfittarono: tra rinvii, richieste di documentazione e cavilli burocratici, ottennero la sospensione del giudizio perché il reato nel frattempo era caduto in prescrizione. Anche l'opinione pubblica e i giornali si affrettarono a dimenticare l'accaduto. Non ci fu quindi praticamente alcuna reazione al fatto che la Grünenthal non pagò mai a livello penale per quello che aveva provocato. Un indennizzo economico fu comunque richiesto in sede civile.

Nel 2007 l'erede dei proprietari della Grünenthal di quegli anni, Sebastian Wirtz, ha per la prima volta pubblicamente chiesto scusa a tutte le vittime del farmaco maledetto, dichiarandosi disposto a provvedere a migliorare le condizioni di vita di chiunque avesse riportato danni a causa della Thalidomide (e stanziando una sostanziosa somma per un'associazione di affetti da focomelia da Thalidomide).

Nel 2009 l'azienda ha ribadito tale posizione persino in un documento ufficiale.[1]

In medicina però anche i drammi portano a compiere passi in avanti. In quegli anni si credeva che il feto fosse completamente protetto dall'utero e che quindi non esistesse alcun pericolo derivante dall'assunzione di sostanze nocive. Si era convinti inoltre che se un prodotto risultava innocuo per l'adulto, lo fosse di conseguenza anche per il nascituro.

Oggi (dopo il caso Thalidomide e in virtù della sperimentazione animale) si sa che non è così e fortunatamente negli ultimi cinquant'anni i casi di danno fetale da farmaco sono rarità dovute a errori di somministrazione, dosaggio o assunzione. Sono tantissime le sostanze (ma anche i virus e i batteri) che riescono ad attraversare l'utero e raggiungere il feto, e quest'ultimo ha delle caratteristiche che lo rendono vulnerabile agli effetti di alcuni prodotti che in età adulta risultano innocui. Questo è ancora più vero nei primi giorni di gravidanza, quando si formano i principali organi e apparati e un'influenza negativa può risultare drammatica.

Ricordiamo inoltre che le malformazioni non hanno sempre natura esterna: spesso si tratta di condizioni genetiche o cromosomiche e anche le condizioni ambientali possono causare danni gravi.

C'è poco da rallegrarsi però: la conoscenza di questi meccanismi è costata troppo in termini di salute, vite umane e dolore. Leggerezza o sete di denaro, ignoranza o super-

---

[1] H. Stock, *Ceo of the Grünenthal Group,* in *Success through Focus,* report annuale del Grünenthal Group, 2009. Il documento è consultabile al sito: www.grunenthal.com/cms/cda/_common/inc/display_file.jsp?fileID=145401240.

ficialità: a questo punto conta poco capire le cause di una tragedia ormai entrata nella storia della medicina. Alcuni «figli della Thalidomide» sono ancora vivi anche in Italia (non fu mai effettuato un censimento preciso, ma si stimano più di mille affetti) e solo nel 2009 il governo italiano ha stabilito un indennizzo ai danneggiati.

Trovare una giustificazione per tutta questa storia è davvero difficile. A voler essere ottimisti forse questa disavventura ci ha insegnato a stare molto più attenti nell'approvazione di un farmaco. Da quel momento infatti le regole per approvare un prodotto sono diventate più ferree, soprattutto se si deve assumere durante la gravidanza. Oggi è obbligatorio testare qualsiasi nuovo farmaco anche in gestazione (prima su cavie animali, poi su umani). In via teorica qualsiasi sostanza potrebbe provocare danni al feto, ma spesso sono proprio l'uso prolungato e l'esperienza accumulata negli anni che consentono l'utilizzazione di un farmaco con relativa tranquillità.

Dal punto di vista legale le aziende farmaceutiche si sono tutelate con una semplice frase riportata ormai praticamente su tutte le confezioni di farmaci: «In gravidanza utilizzare solo in caso di effettiva necessità e sotto controllo medico». Come dire: noi vi avevamo avvertiti. È per questo che in linea di massima in gravidanza sono controindicati i farmaci e le prescrizioni si limitano a quelli davvero necessari, che hanno dimostrato assoluta innocuità o per i quali il beneficio supera il potenziale rischio.

Non ci resta quindi che «accontentarci» di quanto questa storia ci ha lasciato come esperienza umana.

Ma se nel caso della Thalidomide c'è sempre lo spiraglio dell'errore in buona fede o dell'imprudenza fatale, in altre vicende questa attenuante non esiste. A pagare, se non con la vita almeno con la salute, sono sempre vittime inconsapevoli.

Il caso Thorotrast

Il miracolo di «guardare dentro il corpo umano» fu uno dei momenti più entusiasmanti nella storia della medicina: con la nascita della radiologia si aprirono scenari di studio e terapia inimmaginabili fino ad allora. Per effettuare una radiografia si usano strumenti che sfruttano la facoltà delle radiazioni di attraversare le strutture del nostro organismo, e ognuna di esse risponde in maniera diversa allo stimolo radioattivo: gli organi solidi, come le ossa, hanno un aspetto radiografico diverso da quelli «molli», ad esempio l'intestino. In certi casi è utile associare alle radiazioni un mezzo di contrasto, ovvero una sostanza che, reagendo ai raggi, permetta di visualizzare le strutture che la contengono. Questo accorgimento si usa ad esempio per visualizzare i vasi sanguigni (altrimenti invisibili alle radiazioni) o l'intestino.

Il Thorotrast era una sospensione di particelle di diossido di torio radioattivo (ThO_2) utilizzata come mezzo di contrasto in procedure radiografiche e angiografiche (che studiano i vasi sanguigni). È stato adoperato in diversi paesi del mondo negli anni Trenta e Quaranta, e negli Stati Uniti fino agli anni Cinquanta. I derivati del torio producono eccellenti immagini radiografiche per l'opacità di questa sostanza ai raggi X.

L'entusiasmo che suscitò questa sostanza fu eccezionale. Le immagini radiografiche non erano mai state tanto nitide e chiare: gli organi e i vasi sanguigni visualizzabili in ogni particolare come in una tavola anatomica. Inoltre non furono evidenziati effetti collaterali immediati e quindi il suo uso, a maggior ragione, si diffuse enormemente. Si stima che in tutto il mondo siano stati trattati con il Thorotrast dai due ai dieci milioni di individui. Sebbene non se ne conoscessero effetti collaterali evidenti, furono molti gli studiosi che mostrarono perplessità per l'uso indiscriminato della sostanza, a causa del suo lunghissimo tempo di vita biologica. In pratica per vedere dimezzata la presenza di torio nell'organismo umano dovevano trascorrere almeno vent'anni. Il prodotto si distribuiva soprattutto nel fegato, nella milza, nei linfonodi e nelle ossa; veniva assorbito restando attivo e... radioattivo per decenni. Questi organi, dunque, venivano esposti alle radiazioni alfa emesse dal torio per anni e anni, praticamente a vita. Tale rischio fu sottovalutato.

Fu Luigi Bogliolo, un medico italiano, a studiare le proprietà della sospensione, in apparenza vantaggiosissima per il tipo di immagini che riusciva a fornire, ma insidiosa per i suoi lunghissimi tempi di smaltimento combinati alla nota radioattività. Questi cominciò a sperimentare su delle cavie proprio l'effetto carcinogenico del Thorotrast e scoprì che non solo la sostanza era cancerogena, ma che non dimezzava la sua radioattività nemmeno dopo anni dall'esposizione. Bogliolo riuscì anche a dimostrare che il suo effetto negativo non dipendeva dalla dose somministrata: anche quantità minime (proprio per la lunghissima presenza nell'organismo) potevano essere letali. Il Thorotrast, concluse, era altamente cancerogeno e poteva causare gravissimi danni.

In seguito, altri ricercatori confermarono una strana, eccessiva incidenza di tumori epatici e leucemie in individui che si erano sottoposti a esami radiografici con mezzo di contrasto; in particolare notarono che in tutti quei pazienti erano visibili strani accumuli di materiale «similmetallico» a carico del fegato. Cos'era quella sostanza che permaneva per anni nel fegato di chi si era sottoposto a radiografia? Perché tutte quelle persone sviluppavano quasi sempre un tumore maligno? C'era un nesso tra radiografie e tumori?

E dov'era il punto debole di tutta la procedura: nei raggi X o nel mezzo di contrasto?

I dubbi erano troppi e la realtà apparve definitivamente chiara in tutta la sua crudeltà anche grazie alle statistiche successive. Vi fu infatti, negli anni, un'enorme incidenza di tumori soprattutto epatici in persone che si erano sottoposte a procedure radiografiche utilizzando il Thorotrast, con tumori che insorgevano venti, anche trent'anni dopo l'esame. Fu stimato, per gli sfortunati, un rischio cento volte maggiore di sviluppare un tumore epatico rispetto alla popolazione mondiale e, per quanto riguarda le leucemie, il rischio era venti volte più alto. Questi dati classificarono il Thorotrast come uno dei più potenti agenti cancerogeni conosciuti dall'uomo.

Negli anni Ottanta furono realizzati diversi studi che confermarono come tantissimi tumori epatici fossero comparsi in persone sottoposte a esami radiografici con quel mezzo di contrasto; le statistiche vengono ancora aggiornate, quando si presenta un'altra vittima del torio. Oggi il Thorotrast è utilizzato in alcuni campi di ricerca, ma per le indagini radiografiche e angiografiche si utilizzano altre sostanze (spesso a base di iodio) per le quali i dati dimostrano un'assenza o un basso rischio di effetti collaterali. Le vittime furono tante e lo sconcerto enorme; a quel tempo gli esami radiologici erano molto utilizzati soprattutto in medicina militare: si era in guerra e così migliaia di soldati passarono per la ghigliottina del torio radioattivo e per anni vissero con l'incubo di sviluppare un tumore. Esistono casi di decesso per tumore epatico negli anni Novanta collegati direttamente all'uso di quel mezzo di contrasto e ci sono stati processi terminati a metà dello stesso decennio nei quali l'azienda produttrice e distributrice del farmaco ha risarcito gli eredi delle persone uccise dal Thorotrast. Ancora oggi sono stati accertati sporadici casi di tumori epatici (ma anche di altro tipo, come quelli cerebrali) causati dalla sostanza.[2]

Molti di voi potrebbero chiedersi: ma come fanno i medici a collegare con certezza, a distanza di decenni, un tumore all'uso di Thorotrast? Se una persona che ha effettuato un esame con questo mezzo di contrasto, ad esempio al cervello, sviluppa dopo molti decenni un tumore cerebrale, le possibilità che sia stato il Thorotrast a causare la patologia sono basse; ma quando, all'esame istologico, la parte operata evidenzia un livello di radioattività altissimo, se ne è praticamente certi, perché non esistono fonti radioattive spontanee che possano aver rilasciato una tale quantità di radiazioni nell'organismo. Quelle persone hanno ospitato all'interno del loro corpo, per anni e anni, un composto che lentamente, ma inesorabilmente, le distruggeva. La giustizia americana ha riconosciuto il danno per mancato rispetto delle leggi sulla precauzione nei farmaci e negli alimenti, e tutte le cause di risarcimento sono state vinte dai parenti delle vittime. Un'industria americana che fondava la propria attività sulla produzione del farmaco è fallita dopo aver risarcito otto famiglie. Il prodotto è stato naturalmente ritirato dall'uso e dal commercio.

Di chi è la colpa in tutto questo? In base alla normativa è di chi ha prodotto e utilizzato il farmaco senza chiedersi se avrebbe potuto rivelarsi pericoloso dopo anni dalla somministrazione. Il Thorotrast non aveva un prezzo elevatissimo, non c'erano quindi di mezzo particolari interessi economici, probabilmente si è trattato di «semplice», stupida superficialità.

---

[2] G. Balamurali, D.G. du Plessis, M. Wengoy, N. Bryan, A. Herwadkar, P.L. Richardson, *Thorotrast-Induced Primary Cerebral Angiosarcoma: Case Report*, «Neurosurgery», luglio 2009.

Purtroppo anche la medicina «ufficiale» commette errori, sebbene essi siano dovuti a una mancata conoscenza del problema, a procedure discutibili o a superficialità oggi incomprensibili, ma che quando sono avvenuti i fatti potevano risultare accettabili. Il caso del mezzo di contrasto pericoloso, oggi quasi dimenticato, non è l'unico e fa parte dei tanti incidenti di percorso di una scienza come la medicina, imperfetta per definizione e che migliora anche attraverso i propri errori. Oggi l'uomo affida sempre di più la sua salute alle macchine, ma, come vedremo, anche queste possono sbagliare.

Il caso Therac

Nonostante quanto appena raccontato, non si può negare che la scoperta di poter «guardare» dentro il corpo umano grazie alle radiazioni sia stata un passo decisivo nella lotta alle malattie. La strumentazione moderna e il progresso tecnologico hanno enormemente aiutato la medicina e le sue applicazioni, basti pensare a tutti i mezzi radiologici che aiutano i medici a capire e curare: è la diagnostica per immagini. La radiografia, l'ecografia, la Tac (sigla che indica la «tomografia assiale computerizzata»), la risonanza magnetica ci permettono di guardare all'interno del corpo senza toccarlo, e sebbene oggigiorno ci sembri una cosa normale non dobbiamo dimenticare quanto sia straordinaria. Le radiazioni hanno permesso questo e altro: sono state utilizzate anche a scopo terapeutico. I danni che i raggi causano alle cellule sono stati concentrati su quelle malate, nei tumori ad esempio, così da distruggerle: la radioterapia ha questo scopo. «Piegare» un effetto dannoso e renderlo vantaggioso; è la tecnologia che aiuta l'uomo, anche se la radioterapia ha dei limiti e degli effetti collaterali che vengono minimizzati il più possibile con adeguate precauzioni. Ma quante volte l'uomo si è fidato troppo della tecnologia sopravvalutando le sue capacità?

Questa è la storia di un errore informatico che ha avuto come effetto un disastro medico. In un certo senso, l'incubo degli scrittori di fantascienza si è avverato: gli esseri umani hanno perso il controllo delle macchine con risultati catastrofici. Eppure è accaduto: la superficialità di alcune persone ha permesso alla macchina di danneggiarne altre; errori nella compilazione di un programma informatico hanno indotto un apparecchio diagnostico a danneggiare anziché aiutare.

Il Therac-25 era un macchinario per radioterapia costruito da una società italofrancese. Preceduto dai modelli Therac-6 e 20 attorno alla metà degli anni Ottanta, il 25 era molto più compatto, più semplice da utilizzare e più versatile delle versioni precedenti. La radioterapia ha l'obiettivo di colpire con dei fasci sottilissimi di radiazioni una zona del corpo umano sede di tumore, con lo scopo di distruggere il più possibile la massa maligna. Vista la potenza e la pericolosità dei raggi, è importante concentrare al massimo il fascio nella zona da trattare, cercando di schermare le parti adiacenti e di limitare nel tempo l'esposizione ai raggi. Il Therac, in particolare, offriva l'opportunità di utilizzare sia i raggi X che un fascio di elettroni. I primi bombardavano i tessuti più profondi, mentre i secondi colpivano quelli più superficiali: un ottimo sistema per adattare la terapia alle varie situazioni e preservare il più possibile i tessuti sani. L'operatore, attraverso un meccanismo elettronico, era in grado di passare manualmente da una modalità all'altra aumentando o diminuendo l'energia che veniva irradiata sul corpo del paziente da trattare. La modalità a elettroni prevedeva una bassa potenza, quella a raggi X un'alta potenza che veniva «diluita» da particolari diffusori.

Furono installati cinque macchinari negli Stati Uniti e sei in Canada, ma si verificarono degli incidenti molto gravi. Al momento di utilizzare il fascio a raggi X alcuni pazienti accusarono dei malesseri, un fastidio immediato e una sensazione simile a una forte scarica elettrica. Certi si alzarono dal lettino sul quale erano sdraiati per il dolore e la sorpresa e gli operatori si accorsero subito che qualcosa non andava: sul punto di irradiazione la pelle presentava ustioni. Non era così che doveva funzionare quell'apparecchio.

Dopo pochi giorni alcune delle persone trattate accusarono un'intossicazione da radiazioni (uno stato di generale malessere accompagnato da spossatezza, nausea, vomito, febbre, astenia), altre mostravano gravi lesioni cutanee; tre di loro morirono. Una paziente racconta che appena finita l'irradiazione urlò al tecnico di radiologia: «Mi avete bruciata!»; lui le rispose che non era possibile ma, tastandole la zona trattata, si accorse che era bollente. Il macchinario, in caso di errore, prevedeva che si accendesse una spia con la scritta «malfunzionamento» seguita dal numero di codice dell'errore. Purtroppo non era stato fornito un manuale che elencasse a quale errore di funzionamento corrispondesse ogni codice. Così gli operatori, non ritenendolo un problema importante, premevano un tasto per far ripartire il macchinario.

In Ontario, uno degli addetti riferì che lo strumento subito dopo aver iniziato la procedura, mostrò il segnale «*no dose*» come se avesse smesso di irradiare, seguito dalla scritta «*treatment pause*». Raccontò poi che nei precedenti modelli di Therac questo succedeva spesso e bastava far ripartire la macchina per risolvere il problema. Dopo qualche minuto provò quindi a riavviarla, ma apparve di nuovo la scritta «*no dose*». Tentò per quattro volte. Alla fine chiamò un tecnico che non rilevò nulla di anomalo. Ma il macchinario non «ripartiva» più. La paziente, nel pomeriggio, accusò dolori, senso di bruciore e malessere; si rivolse all'ospedale che l'aveva trattata, dove incontrò altri pazienti con la stessa sintomatologia.

Dopo tre giorni di continue segnalazioni la macchina fu dichiarata fuori servizio. La notizia si sparse e anche gli altri centri che utilizzavano il Therac riferirono gli stessi problemi di malfunzionamento. Gli operatori non riuscivano a spiegare l'accaduto: si pensò subito a un difetto di produzione e così venne avviata un'inchiesta. Si scoprì che il fascio a raggi X veniva attivato senza il diffusore, pertanto sul corpo del paziente arrivava un pericoloso flusso concentrato ad altissima potenza, fino a cento volte quella prevista.

Si scoprì che l'accaduto aveva dell'incredibile: in una normale dose di radiazioni a scopo terapeutico si emettono circa 200 rad (il rad è l'unità di misura della dose di radiazioni assorbita), perciò una dose di 1000 rad che colpisse l'intero corpo potrebbe essere fatale, mentre una di 500 ucciderebbe il 50 per cento delle persone esposte. Nel caso del Therac furono emesse su un paziente una o due dosi da 15.000 o 20.000 rad!

Le prime segnalazioni di problemi legati alle sedute di terapia furono sottovalutate: in un caso l'arrossamento della cute fu interpretato come normale conseguenza dell'irradiazione e la paziente fu invitata a continuare il ciclo; un'altra perse l'uso di un braccio e soffrì di intensi dolori, ma anche questo episodio fu minimizzato e l'industria produttrice, sollecitata da un medico, avvisò che avrebbe provveduto a un controllo. Uno dei pazienti colpiti si spense dopo meno di un mese dall'incidente, ufficialmente a causa del suo cancro, ma l'autopsia evidenziò che la morte era stata accelerata (in maniera molto dolorosa) dai danni da radiazione: le ossa del bacino erano state quasi distrutte dalla potenza del fascio.

L'inchiesta stabilì che non esisteva alcun sistema di controllo, alcuna spia, alcun blocco automatico tale da permettere all'operatore di capire il tipo di errore o da arrestare all'istante la macchina. Nel corso delle indagini fu scoperto che alcuni degli errori di programmazione presenti nel Therac-25 risalivano ai modelli precedenti, utilizzati in altri ospedali e ancora in funzione. Tutti i macchinari medici di una certa importanza devono essere dotati di dispositivi di sicurezza che, in presenza di un serio malfunzionamento, facciano scattare il blocco automatico. Fu controllato quindi il software che monitorava le funzioni del macchinario. Si scoprì allora qualcosa di incredibile, banale e terribile. Il programma era scritto male. Tutto era dovuto a uno stupido errore di programmazione: la macchina non era in grado di svolgere le operazioni di autocontrollo. In pratica non esisteva alcun dispositivo che bloccasse lo strumento in caso di errore o problema.

Si cercò allora il programmatore che aveva creato il software: non esisteva. Nonostante le ricerche, infatti, nessuno riuscì mai a identificare il reale autore del programma. In genere un software così complesso è compilato da più persone, proprio per ridurre gli errori con un controllo incrociato, ma la versione definitiva non riportava la firma.

Qualcuno sospettò che l'azienda costruttrice avesse modificato i programmi precedenti senza servirsi di un progetto ben preciso stilato da esperti. Aveva seguito in pratica la via più semplice ed economica, ma la più pericolosa.

Fu poi scoperto che i produttori non avevano fatto controllare il software prima della commercializzazione e non avevano mai testato il macchinario se non al momento del suo assemblaggio in ospedale.

La stessa azienda inoltre aveva provveduto a sostituire parti considerate malfunzionanti dopo la segnalazione di vari incidenti, ma non fece mai un controllo generale né approfondito della macchina; in particolare il software fu considerato sicuro fino all'ultimo, ma più l'inchiesta andava a fondo più si svelava il disastro. Esistevano anche errori di progettazione: comandi che non corrispondevano a quelli descritti dai manuali, il macchinario che non rispondeva come previsto e addirittura la possibilità che il Therac eseguisse operazioni impreviste quando si premevano i tasti. Se si digitava troppo velocemente sulla tastiera, ad esempio, il programma non riusciva a rispondere correttamente, arrivando a saltare tutte le procedure iniziali di sicurezza all'accensione dell'apparecchiatura.

I decessi accertati a causa del macchinario difettoso furono tre (le altre persone avevano subito danni o erano morte per altre cause), e sei i pazienti permanentemente danneggiati, ma le richieste di risarcimento furono una decina. L'inchiesta concluse che l'azienda produttrice era l'unica colpevole dell'incidente e fu costretta a risarcire le vittime; gli operatori non furono considerati colpevoli in quanto, rassicurati dalla presunta presenza di un sistema di sicurezza dell'apparecchiatura, non avevano prestato attenzione ai segnali di allarme, seppure evidenti.

Ancora oggi la lezione del Therac è ben scolpita nelle menti di molti progettisti di software, perché è stato un errore madornale e imperdonabile. Dalla vicenda sono stati tratti dei romanzi e una rappresentazione teatrale, poi diventata un film. Forse al giorno d'oggi l'errore di un macchinario computerizzato è giudicato impossibile, ma non lo è, e qualcuno ne ha pagato le conseguenze.

Le macchine possono essere difettose e l'uomo può sbagliare in buona fede, ma c'è una forma di errore medico che condanna irrimediabilmente chi la commette: quello in malafede. Danneggiare il prossimo consapevolmente. Pensate che un essere umano non ne sia capace? Allora non conoscete la prossima storia.

Il caso Tuskegee

Negli anni Trenta era diffusa una malattia che mieteva vittime in tutto il mondo; l'assenza di terapie utili e la facilità di diffusione la rendevano un vero incubo. Sto parlando della sifilide, detta anche lue, malattia venerea (a trasmissione sessuale o congenita) causata dal batterio *Treponema pallidum*.

Nell'uomo l'infezione da *Treponema* si presenta con sintomi che cambiano a seconda dello stadio della malattia: dapprima un'ulcerazione ai genitali, poi un ingrossamento dei linfonodi e un'eruzione cutanea fino a sintomi neurologici, cardiaci, epatici o altro. Infine può persino condurre alla morte. La malattia era molto diffusa nei primi decenni del XV secolo (anche se si hanno tracce di epidemie preistoriche e molto antiche), ma l'epidemia più grave attestata avvenne a Napoli nel 1495, con l'arrivo dalla Francia dell'esercito di Carlo VIII. Il ritorno in patria dei francesi diffuse l'infezione in tutta Europa. Per curioso amor patrio, in Italia la malattia veniva chiamata «il male francese» e in Francia «il male napoletano».

Le cure dell'epoca erano del tutto inefficaci e i contagi si moltiplicavano; spesso, anzi, i rimedi (acido cloridrico, arsenico, decotti di piante) peggioravano la situazione, finendo per intossicare gli ammalati. Inoltre la malattia costituiva un marchio sociale: chi aveva la sifilide era visto come un pericolo pubblico, e pur di guarire usava qualsiasi mezzo. Nonostante ciò la guarigione si otteneva solo nei casi di risoluzione spontanea: in poche parole, o la malattia scompariva da sola, oppure si moriva o, nel migliore dei casi, si passava una vita di stenti, tanto era debilitante. Se contratta in gravidanza, poi, la sifilide provoca gravi danni ai feti.

Questo fino alla scoperta degli antibiotici. Con la comparsa della penicillina, attiva nei confronti del batterio, la sifilide scomparve progressivamente fino a diventare oggi una malattia molto rara nei paesi civilizzati. Negli anni dell'impegno militare, quindi nel periodo tra le due guerre mondiali, i governi erano alla spasmodica ricerca di un farmaco per curare questa malattia che decimava i soldati, rendendoli invalidi ai combattimenti e talvolta uccidendoli; diversi studiosi dichiararono di aver trovato un rimedio efficace contro il batterio e molti di questi si avviarono a sperimentarlo sull'uomo. Ma come per i «farmaci» del XV secolo, la cura poteva essere peggiore del male stesso e molti soggetti coinvolti nelle sperimentazioni ebbero gravi effetti collaterali soprattutto di tipo tossico (avvelenamenti). La scienza purtroppo, specie nella lotta alle gravi malattie, spesso ha «bisogno» di vittime.

La penicillina risolse gran parte dei problemi; sebbene all'inizio fosse difficile diffonderne l'uso, soprattutto tra le popolazioni più povere e isolate, vi era la certezza di aver identificato la terapia giusta. Il governo statunitense fu forse il primo a introdurre la prevenzione di massa nei confronti della malattia, prima con l'identificazione dei casi sospetti e poi con la cura di quelli confermati. Attorno al 1940 negli Stati Uniti la sifilide non spaventava più, la penicillina funzionava e non servivano altri studi su terapie sperimentali. Eppure uno non venne interrotto.

Un prestigioso ricercatore, John Cutler, si batté per non smettere del tutto la sperimentazione ed ebbe la diabolica idea di continuarla su persone che non potevano ribellarsi e che a quei tempi contavano meno di un topolino da laboratorio. Già il fatto che le ricerche proseguissero era quindi piuttosto discutibile, ma non era questo l'aspetto peggiore della vicenda.

Si chiamava «studio Tuskegee», l'esperimento portato avanti dal centro sanitario di Macon County nell'omonima cittadina dell'Alabama, sede dell'Università di Tuskegee. Lo scopo era analizzare l'evoluzione della sifilide non curata e per questo motivo furono selezionati 600 agricoltori di colore, 399 dei quali malati. Il fatto che i partecipanti allo studio fossero solo individui di colore non fu casuale: era specificato nei criteri di selezione di preferirli perché economicamente e socialmente «sacrificabili». In cambio della partecipazione alla ricerca, i prescelti avrebbero ricevuto assistenza medica gratuita, forniture di alimenti ed eventuali funerali a costo zero. In una zona degli Stati Uniti povera e con un altissimo tasso di analfabetismo non fu difficile trovare chi si presentasse spontaneamente per partecipare al progetto.

Lo studio fu avviato nel 1932; alle persone contagiate da sifilide veniva iniettato un siero per far credere loro di essere «sotto cura», ma in realtà quello che ricevevano una volta alla settimana era un placebo. Quelle persone quindi non venivano curate, ma erano convinte di esserlo. Per controllare che tutto procedesse secondo i piani, fu arruolata un'anziana infermiera della zona ormai fuori servizio che aveva poche possibilità di scoprire come quegli individui non stessero ricevendo in realtà alcuna terapia. Il dramma fu che, anche quando si rese disponibile la penicillina, lo studio proseguì somministrando ancora placebo e quindi negando di fatto ogni possibilità di guarigione ai poveri ammalati; i più «fedeli» venivano addirittura gratificati con certificati di ringraziamento ufficiale da parte del governo.

Gli anni passarono ed era il 1972 quando un ex componente della commissione sanitaria di Tuskegee confessò a un giornalista ciò che stava accadendo. Successivi controlli dimostrarono che era tutto vero. La notizia fece il giro del paese, e l'incredulità iniziale delle commissioni governative inviate a indagare sul fatto crollò definitivamente quando ci si rese conto che gran parte della popolazione nera di Tuskegee era stata infettata dalla sifilide. Gli uomini non curati contagiarono le loro mogli e le donne in gravidanza la trasmisero ai figli in una catena mortale causata volontariamente dall'uomo. La sperimentazione fu immediatamente sospesa e furono aperte indagini governative in Alabama per capire cosa fosse successo in quell'angolo remoto della provincia americana.

Negli anni successivi si scoprirono altri agghiaccianti particolari. Furono accertati ventotto individui morti per sifilide e circa cento deceduti per complicanze della malattia, le donne infette risultavano quaranta e i bambini nati con sifilide congenita erano diciannove. La commissione sanitaria di Tuskegee, responsabile dell'incredibile studio, aveva messo al corrente del suo progetto anche quella statale dell'Alabama, ma nessuno fermò il folle disegno che non aveva altro scopo se non quello di assicurare le sovvenzioni statali per il finanziamento dell'esperimento. Furono acquisite ulteriori e gravi documentazioni fino a quando, nel 1990, la commissione governativa chiuse le indagini definendo la ricerca di Tuskegee immorale e razzista, mal condotta, di fatto priva di efficacia. Nel 2006 Tuskegee fu bollato come lo studio più infame della storia della ricerca medica americana e furono creati diversi organismi di controllo per le sperimentazioni mediche sugli esseri umani che si sarebbero dovute svolgere da quel momento in poi. Dal dipartimento della Salute americano fu redatto anche il Rapporto Belmont che indica le «linee guida e i principi etici per la protezione degli individui partecipanti alle ricerche». Da quel giorno i test sugli esseri umani seguono regole molto più restrittive e non possono fare distinzione di razza, appartenenza etnica o religiosa nella scelta dei partecipanti.

Nel 1997 Bill Clinton, allora presidente degli Stati Uniti, chiese ufficialmente scusa alla nazione e ai famigliari delle vittime di Tuskegee, per l'assurdo esperimento e per le vite perse.[3]

Episodio sconvolgente ma non abbastanza da diventare un monito, visto che, quando era first lady, Hillary Clinton ha chiesto scusa come aveva fatto suo marito qualche anno prima per un esperimento analogo. Dal 1946 al 1948, infatti, centinaia di detenuti, malati psichiatrici e prostitute sono stati infettati in Guatemala a loro insaputa, per compiere inutili studi sulla sifilide e sulla gonorrea (altra malattia a trasmissione sessuale). Il governo del paese centroamericano ne era informato e nonostante tutto aveva autorizzato gli esperimenti. La Clinton nel 1999 dichiarò: «Chiedo profondamente scusa per queste pratiche abominevoli: lo studio condotto in Guatemala dal 1946 al 1948 è eticamente inaccettabile».[4]

Anche in questo caso sofferenze, morte e persone consapevolmente abbandonate al loro destino in nome di un improbabile esperimento senza logica né vantaggi per la popolazione.

A questo punto viene da chiedersi: quante volte deve sbagliare l'uomo prima di fermarsi?

---

3 Si veda il sito: www.cdc.gov/tuskegee/clintonp.htm.

4 Si veda il sito: www.theguardian.com/world/1999/mar/12/jeremylennard.martinkettle.

Terrorismo sanitario

L'importanza dei vaccini

Un vaccino è un farmaco che conferisce immunità, più o meno efficace nei confronti di un agente patogeno, in parole povere serve a proteggere un individuo da malattie mortali o potenzialmente pericolose di fronte a scarsi o nulli effetti collaterali. La vaccinazione inoltre protegge la comunità: più individui sono vaccinati, più bassa è la possibilità di diffondere la malattia, che anzi può anche essere eradicata completamente all'interno di quel gruppo (si chiama immunità di gregge). Chi non si vaccina, quindi, mette in pericolo non solo la propria salute ma anche quella della comunità che frequenta.

I vaccini sono stati una delle invenzioni più geniali dell'umanità e sono in parte responsabili dell'aumento dell'età media dell'uomo, del benessere diffuso delle nazioni ricche e della riduzione delle malattie infantili. Attaccare tale rimedio, accusandolo di chissà quali tragedie o rischi, è strumentale, stupido e spesso è un segnale di ignoranza o malafede; basterebbe ascoltare i racconti dei nostri nonni per rendersi conto dell'importanza di questa pratica.

Messi da parte i deliri degli antivaccinisti, che come vedremo si fondano su basi inattendibili e non scientifiche, è bene discutere di quei farmaci la cui utilità è dubbia o poco chiara e tra questi, a mio avviso, rientra uno dei vaccini più recenti, di «ultima generazione». Alcuni vaccini non sono per tutti, ad esempio quello antinfluenzale è consigliato solo per certe categorie a rischio, perché l'influenza non è una malattia letale (anzi, è quasi sempre banale) ma può diventarlo per alcuni individui (le persone morte per le conseguenze di una «banale» influenza, quindi i decessi direttamente causati dalla malattia e dalle sue complicanze, come le polmoniti, sono circa ottomila ogni anno in Italia).[1] A loro si consiglia una protezione che per altri sarebbe eccessiva. Questo vale per tutti i farmaci: vanno presi quando servono. Ma i vaccini servono tutti? Alcuni potrebbero essere abbandonati presto, come quello per la poliomielite: esistono zone nelle quali la malattia è presente e miete vittime, però il suo uso comincia a essere messo in discussione proprio per l'eradicazione della malattia in molte parti del mondo.

C'è un altro vaccino utile a difendersi da una patologia potenzialmente mortale. Si tratta di una delle ultime scoperte in campo immunologico. Sto parlando della vaccinazione anti-Hpv (Human Papilloma Virus, ovvero virus del papilloma umano), pubblicizzata come vaccinazione contro il cancro del collo dell'utero.

Primo grosso errore: la terapia previene il virus Hpv, non il cancro del collo uterino. L'idea di annunciare un «vaccino contro il cancro» è stata una trovata pubblicitaria degli uffici marketing delle aziende farmaceutiche. Diffondere la notizia (reale) della scoperta del vaccino anti-Hpv non avrebbe avuto lo stesso impatto. Lo studio delle operazioni di marketing precedenti l'uscita di un farmaco è accurato e attento, da esso può dipendere il successo del prodotto.

---

1 Dati Istat 2009.

Così è stato per il vaccino anti-Hpv. La ricerca e lo sviluppo del medicinale hanno richiesto sforzi economici e di ricerca immani e non si poteva rischiare il fallimento.

Il vaccino anticancro

Così eccoci davanti al «vaccino anticancro». Piccolo particolare: non è vero che questo farmaco possa curare il cancro o possa prevenirlo nella totalità dei casi; spiegare il perché non è facilissimo, ma ci provo. Cerco intanto di riassumere qualche nozione.

Esiste un tumore che per anni ha mietuto milioni di vittime nel mondo. Tra le donne, perché si tratta del tumore al collo uterino, per la precisione e in termini tecnici, il cervicocarcinoma (o carcinoma della cervice uterina). Questo tipo di malattia era talmente diffuso che rappresentava una delle prime cause di morte per le persone di sesso femminile.

Poi la svolta. Uno scienziato di origine greca, Georgios Papanicolaou, nel 1928 scopre che con un semplice test si sarebbe potuto prevenire questo tumore, identificandolo nelle sue fasi iniziali per poi distruggerlo in tempo. L'intuizione fu tanto banale quanto geniale e il test prese il nome dell'autore della scoperta: test di Papanicolaou o Pap-test. Fu una rivoluzione. In pochissimi anni i casi di tumore del collo dell'utero subirono un tracollo verticale. Da vero e proprio terrore di tutte le donne, con il tempo, la malattia cominciò a diventare meno frequente, poi rara; oggi rappresenta uno dei tumori femminili con meno incidenza (nel 2006 circa il 5 per cento dei tumori femminili) e più curabile (oltre il 60 per cento di sopravvivenza a cinque anni).

Attorno al 1990, dall'analisi di centinaia di migliaia di campioni di tumore del collo dell'utero emerse un dato interessante: praticamente tutti i casi vedevano la presenza di un virus, quello del papilloma umano, lo stesso che provoca ad esempio le verruche della pelle. Questo fece concludere che il virus Hpv fosse la causa (nel 99,7 per cento dei casi) del male. Anche questa fu una rivoluzione: scoprire l'origine di un tumore è un passo da gigante per la medicina.

Ma non tutti i «ceppi» (i tipi, cioè; nel caso di questo virus sono decine) di Hpv (che vengono identificati con un numero) possono causare tumori maligni, così si studiarono quelli più pericolosi. Quelli ad alto rischio di malignità sono, ad esempio, i ceppi 16, 18, 31, 33, 35 (ma c'è evidenza che solo il 16 sia sempre e sicuramente cancerogeno); altri hanno un certo rischio di causare tumore maligno (come il 45, il 51, il 52...), mentre tanti sono considerati innocui.

La maggioranza dei tumori del collo uterino in fase iniziale o poco avanzata regredisce spontaneamente grazie al nostro sistema immunitario; quelli più avanzati, invece, non regrediscono quasi mai. Riuscire quindi a scoprire un tumore in fase molto iniziale con il Pap-test e poi capire che tipo di Hpv lo ha causato può essere fondamentale. In base a questi dati il medico può decidere di asportare il male superficialmente, di essere molto più aggressivo asportando tutto l'utero o di assumere una condotta di attesa (con controlli serrati) nella speranza che la patologia regredisca (speranza, come detto, giustificata). Se ci sono dubbi, esistono altri esami, coma la colposcopia, che possono identificare e permettere di curare alcuni tumori.

Con tutti questi mezzi il tumore al collo dell'utero in stadio avanzato è diventato una rarità; colpisce ancora, ma quasi sempre persone molto anziane che non si sottopongono a controlli o giovani che non hanno fatto alcuna visita ginecologica né un Pap-test. Mai come in questo caso la prevenzione è fondamentale e lo ha dimostrato. Lo stesso virus può causare tumori anali (anche negli uomini) e del cavo orale.

Poi la nuova scoperta (e torniamo all'argomento iniziale): un vaccino contro l'Hpv. Immunizzandoci nei confronti del virus che causa il tumore potremmo avere una protezione ancora più efficace, non per niente questo farmaco è pubblicizzato come «vaccino contro il tumore» anche se in realtà combatte il virus che lo causa. Il vaccino in questione è quindi preventivo (evita di contrarre la malattia), non terapeutico (non cura la patologia) anche se gli scienziati ne stanno studiando un tipo che sembra avere capacità curative.

Per avere effetto, c'è (o meglio, c'era) un requisito fondamentale: è inutile vaccinarsi se si è già entrati in contatto con il virus. Questo significa che, poiché esso si trasmette per via sessuale, è bene vaccinarsi prima dell'inizio della vita sessuale; per convenzione è stata scelta l'età di dodici anni, anche se ultimamente la casa farmaceutica sta estendendo l'indicazione alla vaccinazione anche a donne di età superiore, fino ai quarant'anni e oltre. Questo perché sembrerebbe esserci l'evidenza (che a me «così evidente» non risulta dai dati consultati in letteratura) che vi sia una certa protezione per lesioni da Hpv anche in donne che sono già venute a contatto con il virus durante la loro vita.

Le linee guida ministeriali consigliano di sottoporsi al vaccino all'età di dodici anni e molte regioni hanno offerto a prezzi accettabili o addirittura gratuitamente la vaccinazione a tutte le ragazze di questa età: l'obiettivo sarebbe quello di immunizzare quanta più popolazione possibile cercando di diminuire, se non di azzerare, il rischio di trasmissione del virus e quindi quello di contrarre il tumore del collo dell'utero. Nei mesi successivi alla commercializzazione, l'eco dell'introduzione di questo farmaco fu accompagnata in ambienti alternativi o di controinformazione (che spesso è *disinformazione*) dai soliti stupidi proclami allarmistici: morti da vaccino, effetti collaterali tremendi...

Come spesso capita, simili allarmismi non avevano nessuna ragione di esistere: gli effetti collaterali registrati dopo questa vaccinazione non sono stati più numerosi di quelli riscontrati per altri vaccini, né particolarmente gravi o preoccupanti. Chi si è vaccinata o ha fatto vaccinare le proprie figlie può stare quindi più che tranquilla: non corre alcun rischio e ha molte meno possibilità di altre donne di contrarre un'infezione da Hpv e quindi potenzialmente una malattia molto rischiosa. La possibilità di effetti collaterali è stata calcolata come 0,1 per cento e in più il 98 per cento degli effetti collaterali sono banali (irritazione, prurito, arrossamenti locali...).

Ma la vaccinazione anti-Hpv di massa è utile?

Vaccinazione anti-Hpv anche alle dodicenni?

Vaccinare quante più dodicenni possibile è una scelta logica? Il gioco vale la candela? No, a quanto pare. Il vaccino non protegge contro tutti i ceppi pericolosi (che causano il cancro) dell'Hpv. La prima formulazione protegge nei confronti dei ceppi 16 e 18, l'ultima, quadrivalente, ai primi due ha aggiunto i ceppi 6 e 11. Questo vuol dire che se si è immunizzati contro i ceppi più frequenti di Hpv non lo si è comunque nei confronti di tutti gli altri (anche se sembra diminuita con la vaccinazione l'incidenza di lesioni da virus Hpv di altri ceppi per i quali non si è stati vaccinati). Non solo.

Proprio l'assenza di protezione nei confronti di altri ceppi pericolosi del virus rende consigliabile in ogni caso effettuare periodicamente il Pap-test. Ciò significa che nelle abitudini delle donne il Pap-test deve rimanere un esame da fare ogni due o tre anni, a prescindere dalla vaccinazione; e visto che, se una donna si sottopone agli esami previsti per lo screening, la possibilità di arrivare ad avere un tumore del collo dell'utero in fase avanzata e incurabile è praticamente nulla, il vantaggio della vaccinazione a questo punto è minimo. Vi è anzi il pericolo che donne vaccinate, sentendosi protette, sottostimino il pericolo e abbandonino i controlli diventando potenzialmente a rischio (si chiama «effetto airbag»).

Certamente possono però essere identificate delle categorie particolari per cui è consigliato il vaccino. Donne che hanno frequenti rapporti sessuali con partner diversi (il rischio di contrarre infezione da Hpv e di un prolungamento della sua azione oncogenica in questo caso è più elevato), donne che hanno rapporti con partner affetti da infezione Hpv o con gravi immunodeficienze, donne disabili che hanno gravi difficoltà a sottoporsi ai controlli ma hanno una vita sessuale attiva. Queste persone sono molto più a rischio delle altre e il gioco, nel loro caso, potrebbe valere il vaccino. Un'altra categoria può essere quella di chi ha nella storia famigliare più prossima (quindi madre o sorella) anomalie del collo dell'utero, anche se la familiarità per questo tipo di tumore aumenta di pochissimo il rischio e non sembra uno dei fattori più importanti da osservare nella prevenzione della malattia. Si tratta in sostanza di categorie a rischio molto aleatorie, se non indeterminabili.

Altro caso nel quale la vaccinazione a tappeto potrebbe essere utile è quello relativo ai paesi in via di sviluppo (Centro Africa e India, ad esempio), dove il cancro cervicale è ancora un killer che fa paura e i programmi di prevenzione e screening praticamente non esistono. Ancora, i paesi (asiatici in particolare) nei quali la mortalità per tumori genitali maschili è elevata (in Italia il tumore del pene non raggiunge un'incidenza dell'1 per cento, altrove è del 10 per cento). In tutti gli altri casi, se una donna si sottopone con diligenza ai dovuti controlli può essere sufficientemente sicura di identificare eventuali lesioni pericolose, che restano nella stragrande maggioranza dei casi curabilissime senza alcuna conseguenza particolare.

C'è da notare poi che oggi è possibile (quasi in ogni struttura sanitaria) la «tipizzazione» del virus. In pratica, se a un individuo venisse diagnosticata una lesione da Hpv (la più tipica è il condiloma) esiste la possibilità di scoprire da quale ceppo del virus è stata causata, comportandosi di conseguenza (con attesa e controlli in caso di ceppo non pericoloso, con più aggressività in caso di ceppo oncogeno). Di recente, inoltre, le indicazioni per la vaccinazione anti-Hpv sono state estese ai tumori di altre parti dell'apparato genitale femminile e maschile, per poi includere anche i tumori ad ano, faringe, laringe (tutti possono avere l'Hpv come causa).

Un recente studio pubblicato su «Lancet» propone qualche numero proprio a proposito dell'infezione da Hpv nell'uomo (l'incidenza è del 38,4 per mille ogni mese) rendendo disponibili dei dati per studiare se sia conveniente vaccinare anche i maschi. Ho partecipato a un corso di aggiornamento in cui si è discusso proprio di questo argomento e di fronte alle mie perplessità (espresse informalmente a un gruppo di colleghi, una ricercatrice che si occupa di Hpv e un cattedratico straniero che ha parlato della vaccinazione) l'unico argomento (molto debole e fallace) contrapposto dai miei interlocutori è stato: «Se non fa male, perché dovrei rifiutare la vaccinazione?». Lo sottolinea anche l'Aifa (Agenzia italiana del farmaco): a proposito di tumore del collo uterino il Pap-test resta lo strumento principale di prevenzione. Ecco perché considero questa vaccinazione fondamentalmente eccessiva in un individuo che segua le previste procedure di controllo della salute, oltre che dispendiosa dal punto di vista sociosanitario.

Il dibattito nella comunità scientifica è ancora aperto, ma se c'è un punto sul quale quasi tutti convergono è che la definizione di questo vaccino come «contro il cancro» sia esclusivamente commerciale: pubblicità. È corretto invece affermare che si tratta di un'ottima scoperta, un'eccellente protezione contro il virus di cui non sono evidenti particolari effetti collaterali. In casi come questo, quando la parola prevenzione assume un significato decisivo, tra vaccino e educazione sanitaria propendo decisamente per la seconda. Se c'è invece un messaggio che sarebbe importante diffondere è quello legato alla scarsa (per non dire nulla) propensione dei maschi a sottoporsi a controlli di tipo andrologico. Mentre la donna per abitudine e cultura si reca spesso dal ginecologo, l'uomo visita l'andrologo molto più di rado, di norma solo se presenta sintomi gravi o molto fastidiosi. Ricordo che anche per l'uomo un controllo agli organi genitali (per nulla doloroso) serve a proteggere se stesso e le sue partner da malattie potenzialmente mortali.

Se qualcuno quindi vuole combattere con i fatti il condizionamento delle case farmaceutiche, cominci prenotando una visita al consultorio o all'ospedale più vicino: in cinque minuti, al costo di un ticket non troppo elevato (anche gratis nelle regioni che offrono il servizio di screening gratuito) e con un esame indolore, semplice ed effettuabile quasi dovunque, si può prevenire il tumore.

Persino se arrivassimo in ritardo (meglio di no, si rischia di essere *troppo* in ritardo...) abbiamo tante armi che oggi rendono il tumore del collo dell'utero, diagnosticato in tempo, assolutamente curabile. Insomma, ne vale proprio la pena.

Wakefield e i vaccini che causano l'autismo

Se provate a cercare su internet «vaccini autismo», troverete migliaia di risultati, quasi tutti dedicati alla leggenda secondo la quale le vaccinazioni (in particolare quella trivalente contro il morbillo, la parotite e la rosolia) sono la causa accertata di autismo, un disturbo molto diffuso delle capacità sociali e neurologiche di un individuo. La leggenda è talmente popolare che per molti il collegamento tra vaccini e autismo è verità scientifica: secondo loro il vertiginoso aumento dell'incidenza di tale sindrome nel mondo è da attribuire alla pratica della vaccinazione. La brutta notizia è che l'autismo è davvero molto diffuso; quella buona è che il suo collegamento con i vaccini è una bufala.

Possiamo datare l'inizio di questa «fobia» al 1998 e attribuirne la responsabilità a un medico, considerato di tutto rispetto fino a quando fu scoperta la sua scriteriata disonestà per tutta una serie di supposizioni mai avallate né provate, anzi smentite, e che nonostante tutto sopravvivono ancora oggi.

Il protagonista della vicenda è Andrew Wakefield, un dottore inglese che pubblicò nel 1998 un articolo su «Lancet», il più importante e prestigioso giornale medico al mondo.[2] Egli eseguì dodici biopsie tramite colonscopia (un esame nel quale si visualizzano le pareti del colon e di una parte dell'intestino, prelevando inoltre una porzione di tessuto per effettuare delle analisi) su bambini con disturbi intestinali e del comportamento, dieci dei quali erano autistici (affetti da autismo, una patologia ancora oggi non del tutto

---

[2] A.J. Wakefield, S.H. Murch, A. Anthony et al., *Ileal-Lymphoid-Nodular Hyperplasia, Non-Specific Colitis, and Pervasive Developmental Disorder in Children*, «Lancet», 28 febbraio 1998.

conosciuta, caratterizzata da vari gradi di disturbo del comportamento e dello sviluppo neurologico). In questi piccoli pazienti riscontrò la presenza di infiammazioni intestinali. I genitori di otto di questi bambini affermarono che i loro figli avevano sviluppato i sintomi dopo la vaccinazione trivalente per morbillo, parotite e rosolia (Mpr). La ricerca pubblicata sulla nota rivista, parlava chiaro: nonostante questi dati, era dichiarato espressamente che non era dimostrabile un legame tra le vaccinazioni e i sintomi manifestati in quei bambini; servivano altri approfondimenti.

Nonostante ciò il dottor Wakefield organizzò una conferenza stampa sostenendo che il legame autismo-vaccini era probabile, pertanto le vaccinazioni erano pericolose e consigliava di sospendere ogni immunizzazione con Mpr. Come rimedio alternativo proponeva una vaccinazione separata per ogni patologia, a distanza di un anno una dall'altra, ma ai tempi non esistevano formulazioni singole del prodotto. Così, senza apparenti giustificazioni valide (anche ammettendo l'attendibilità del suo studio, sarebbe stato corretto aspettare conferme e ulteriori ricerche), Wakefield ebbe la «geniale» idea di spargere il terrore tra i genitori inglesi. I media diffusero la notizia e l'effetto fu devastante: nel Regno Unito le percentuali di bambini vaccinati crollarono dal 93 al 75 per cento e solo a Londra arrivarono al 50 per cento.

Le conseguenze non si fecero attendere e furono terribili. Dai 56 casi di morbillo del 1998, in Gran Bretagna e Galles si arrivò ai 1348 del 2008, con due decessi causati dal virus. Nella sola Irlanda cento bambini furono ricoverati in un ospedale per un'epidemia di polmonite e edema cerebrale postmorbillo; tre di essi morirono. Dopo quattordici anni da quando la malattia era stata dichiarata sotto controllo dalle autorità sanitarie inglesi, nel 2008 venne di nuovo definita endemica.

Lo studio di Wakefield, sfortunatamente troppo tardi, fu revisionato e si scoprì che non erano stati utilizzati dei casi di controllo. Il medico, cioè, non aveva fatto un confronto tra biopsie intestinali di bambini autistici e biopsie di bambini senza malattia, non aveva comparato bambini vaccinati e altri non vaccinati. Era giunto in sostanza a una conclusione personale: il virus del morbillo danneggia la parete intestinale (come avrebbero dimostrato i suoi studi, che però si fermavano a questa fase), questo danno fa produrre all'intestino una certa proteina che, giungendo al cervello, causa l'autismo. Trasse dunque delle conclusioni senza controllarle, confermarle e dimostrarle.

Wakefield, negli anni successivi, pubblicò altri studi non proprio limpidi, ad esempio ipotizzò che il virus del morbillo (e anche il vaccino) causasse il morbo di Crohn (una malattia intestinale molto invalidante), affermando di averlo rinvenuto nei tessuti degli individui affetti da questa malattia. Alcuni studiosi a quel punto vollero ripetere i suoi esperimenti ma non riuscirono mai a riprodurli e nessuno rinvenì il virus nei tessuti di questo tipo di pazienti. Wakefield fu costretto ad ammettere di aver preso un abbaglio e pubblicò un articolo in cui smentiva le proprie conclusioni. Non soddisfatto, nel 2002 ci riprovò.

Un altro studio coordinato da lui e che ricalcava il primo, «dimostrava» come bambini con disturbi del comportamento e problemi intestinali presentassero il virus del morbillo nei tessuti intestinali. Un assistente di Wakefield presente alle procedure dichiarò però che i test su tali tessuti intestinali davano risultati negativi, mentre Wakefield dichiarava il contrario. Lo scienziato, consapevole del rischio di veder crollare le sue illazioni, affidò quei test a un laboratorio di fiducia (Unigenetics Labs, lo stesso che aveva compiuto le analisi del primo lavoro, responsabile della fobia sui vaccini nel 1998): le risposte, «stranamente», davano ragione al medico inglese. Per questa evidente irregolarità l'assistente si dimise e chiese la rimozione del suo nome dallo studio, che nel frattempo era stato pubblicato su «Lancet».

La voce sulle poco chiare pratiche di Wakefield percorse i corridoi di diverse università e arrivò all'estero, nei paesi dove risiedevano gli altri studiosi che avevano sottoscritto la pubblicazione collaborando in qualche modo. Dieci dei dodici coautori chiesero di cancellare il proprio nome da quella ricerca. «Lancet» ritirò lo studio (provvedimento rarissimo e riservato ai casi molto gravi), scusandosi con i lettori. In compenso tante altre ricerche conclusero che non c'era evidenza del virus del morbillo in tessuti di pazienti autistici o affetti dal morbo di Crohn. La mistificazione di Wakefield fu dimostrata. L'ospedale nel quale lavorava lo licenziò, i media provarono a «recuperare» il danno che quel medico aveva fatto alla loro comunità (e soprattutto ai loro bambini), la giustizia britannica si occupò del caso e Wakefield fu processato per colpa medica. Ma quello era solo l'inizio.

Le indagini portarono alla luce qualcosa di insospettabile. Venne appurato che il rappresentante legale di un gruppo di famiglie con bambini autistici aveva contattato il medico inglese proponendogli di effettuare studi che dimostrassero la correlazione tra autismo e vaccinazioni. Era un aggancio importante per quell'avvocato, una «pezza» fondamentale, dal momento che stava per intentare una causa contro le case produttrici del vaccino per ottenere un risarcimento miliardario: era necessario dimostrare che il vaccino per il morbillo causasse l'autismo, solo così quei soldi sarebbero stati versati dallo Stato dopo il ricorso dell'avvocato. Wakefield ricevette oltre cinquecentomila sterline per effettuare quella ricerca, e proprio l'avvocato gestiva una vera e propria organizzazione per il riciclaggio di tutto quel denaro, tramite società fittizie e compravendite fasulle.

Wakefield naturalmente smentì le insinuazioni, ma il giornalista Brian Deer avviò un'indagine che fu poi mandata alla televisione di Stato inglese; il medico fu costretto ad ammettere tutto, prima mentendo di nuovo sulla somma ricevuta e poi, messo alle strette, confermandola.

Una truffa paradossale

Il grande complotto delle case farmaceutiche, immaginato da chi ignora la realtà o non è informato, si era ribaltato: colui che sosteneva di aver scoperto la verità era invece l'autore di una truffa colossale.

Ma non era abbastanza: Andrew Wakefield giocò davvero sporco. In seguito si scoprì una mossa inaspettata e subdola. Il medico inglese aveva addirittura brevettato (UK patent application number 9711663.6, del 6 giugno 1997) un sistema di produzione per i tre vaccini separati. Era questo il suo consiglio iniziale: non vaccinate i vostri bambini o fatelo con i vaccini separati. All'epoca però questi non erano in commercio, lui lo sapeva e si era organizzato per commercializzarli; era tutto programmato, compresa una presunta cura per i problemi intestinali dei bambini autistici... Incredibile.

Il problema però era anche etico. Lo stesso Wakefield ironizzò diverse volte sulle modalità con cui effettuò i prelievi di sangue che servivano allo studio. Raccontò egli stesso che attese la sera del compleanno di suo figlio (gli serviva un bambino di cinque anni, per le statistiche, e il figlio ne aveva quattro) per fargli il prelievo: il bambino piangeva ed ebbe degli svenimenti, ma bastarono poche sterline per calmarlo.

Il giornalista che indagò su di lui scoprì altre falsità: bambini che avevano manifestato l'autismo *prima* di vaccinarsi, biopsie assolutamente normali classificate da Wakefield come patologiche... Persino il laboratorio che effettuò le ricerche dei virus era del tutto inadatto: non attrezzato, non sicuro, non controllato, e infatti chiuse dopo pochi mesi dallo scandalo. Chi si era convinto che i vaccini facessero male, alla fine era vittima di un imbroglione cronico. Insomma, un guaio che aveva provocato guai ancora più grossi. Diversi bambini ebbero gravi problemi (o morirono: basti pensare all'epidemia di morbillo che si sviluppò in Inghilterra in seguito agli allarmi dell'ex medico) a causa della sete di denaro di questa persona e furono inutili gli appelli delle autorità a non abbandonare le vaccinazioni.

Dopo quelle vicende, per assicurarsi che l'ipotesi di Wakefield fosse del tutto falsa, vennero fatti studi e ricerche e nessuno di essi dimostrò una correlazione tra vaccini e autismo; l'ipotesi venne sempre smentita dagli esperimenti successivi. Una recente review ha confermato questa conclusione: i vaccini non causano l'autismo, ma nonostante ciò la voce circola ancora oggi. Wakefield fu pagato per mentire, eppure è tuttora uno dei più noti antivaccinisti britannici e può contare sul sostegno di centinaia di persone che credono ancora alle sue parole. Se al posto suo ci fosse stato uno scienziato «tradizionale», il popolo inferocito sarebbe sceso in piazza per chiederne il linciaggio. Wakefield invece, presso i suoi sostenitori, non ha perso un briciolo di stima. Fortunatamente però esistono ancora persone dotate di buon senso e di responsabilità, tra cui tanti genitori di bambini autistici. Cosa dire alla fine di questa storia in apparenza tanto irreale da sembrare un romanzo?

Ancora oggi c'è chi (anche tra i medici!) crede che i vaccini causino l'autismo o altre malattie. Ma chiedete le prove, i riferimenti: non li ha nessuno, per il semplice motivo che non esistono. Al massimo vi indicheranno uno dei tanti siti catastrofisti e probabilmente parleranno di «svariati studi» che però, in realtà, sono anch'essi inesistenti. Domandate allora a queste persone se sanno perché il vaccino possa essere causa di malattie come l'autismo. Qualcuno vi risponderà che la causa è la presenza di mercurio nei farmaci, ma anche questa è un'ipotesi smentita da tempo (i derivati del mercurio sono stati rimossi da decenni, eppure le diagnosi di autismo aumentano costantemente).

L'associazione dei medici britannica, in seguito alla scoperta delle truffe di Wakefield, lo ha radiato dall'albo e lui ora passa il suo tempo a fare l'ospite in trasmissioni di ufologia e in manifestazioni antivaccino. La stessa associazione definì il comportamento dell'ex medico come scorretto, sconsiderato e disonesto. L'uomo ha denunciato i responsabili del «British Medical Journal» che svelarono i retroscena della sua truffa, ma l'esposto è stato archiviato per motivi di giurisdizione.

Altre leggende sulle vaccinazioni

Oltre alla storia di Wakefield, negli anni sono nate altre leggende sulle vaccinazioni: presunta tossicità, presunto collegamento con malattie, presunto avvelenamento. In realtà non esiste un solo studio che dimostri la tossicità o pericolosità dei vaccini: certo, restano sempre un farmaco (quindi con possibili effetti collaterali), ma hanno ampiamente dimostrato la loro efficacia dopo decenni di utilizzo. Non esiste prova migliore: miliardi di individui nel mondo sono stati e sono tuttora sottoposti a vaccinazione... eppure il genere umano non si è estinto a causa di una strage dei più piccoli e ha invece raggiunto una media di vita e un livello di benessere fisico mai conosciuti, nella sua storia evolutiva, soprattutto nelle fasce più deboli (come i bambini), un tempo vittime di terribili malattie.

Anziché dare la colpa alle auto, all'inquinamento o agli attentati all'ambiente che non ci salvano certo dalle malattie, è diventata un'abitudine attaccare i vaccini, grazie ai quali una moltitudine di persone si è salvata da gravi patologie. Chissà perché non esistono movimenti contro la vendita di cibi carichi di colesterolo o delle sigarette (eppure «qualche prova» che le sigarette facciano male e il colesterolo riduca l'aspettativa di vita esiste). Il dubbio è: le associazioni contrarie all'uso di questi farmaci hanno interessi economici identici a quelli che tanto criticano? Come mai propongono sempre un'alternativa a pagamento ai vaccini? In effetti utilizzano qualsiasi arma (anche la più scorretta) per denigrare i vantaggi dell'immunizzazione di massa.

Le vicende di Wakefield sono comunque esplicative di come una voce allarmistica possa causare seri danni alla persona. Che poi ci siano avvoltoi pronti a sfruttare la notizia per i propri interessi non deve stupire: anche nel nostro paese medici, avvocati e associazioni spingono per ottenere risarcimenti per presunti casi di autismo da vaccino. Nonostante questa tesi, come abbiamo visto, sia assolutamente campata in aria, i troppi interessi (soprattutto economici) che ruotano attorno alla faccenda non fanno desistere simili individui dal proseguire le loro malefatte. Si tratta di gente che non esita a mostrare il proprio figlio autistico alle telecamere pur di suscitare tenerezza e solidarietà a un solo scopo: estorcere denaro. Non vedrete mai, infatti, le stesse persone protestare contro la mancanza di strutture o assistenza; il loro unico obiettivo è diffondere la leggenda che la malattia con cui convivono sia stata causata da un vaccino. Il percorso è poi identico: avvocato, tribunale, risarcimento. Vergognoso.

Non bisogna però generalizzare: esistono anche casi di individui che hanno subito danni reali da una vaccinazione. Questa, come ogni procedura medica, non è sicura al cento per cento e in simili casi il risarcimento è giusto, morale e obbligatorio. Nessuno può sostenere che un farmaco faccia «solo» bene; lo si usa nei casi di bisogno, con le opportune precauzioni e con cautela. Talvolta anche un vaccino può essere superfluo e la sua diffusione dipendere da una questione di interesse commerciale.

Seconda parte
Le truffe della medicina alternativa

L'omeopatia

Fenomeno paranormale

Ricevetti la telefonata di mia moglie mentre ero di turno in ospedale. Era un po' preoccupata perché nostro figlio (allora aveva sei anni) lamentava da qualche ora dolori alla pancia. Mi assicurai che non ci fosse nulla di allarmante (niente febbre né nausea, condizioni generali buone ed era vivace come al solito) e risposi di aspettare il mio rientro che sarebbe avvenuto dopo poco tempo.

Tornato a casa, trovai mio figlio che guardava tristemente la televisione e gli chiesi come andasse il dolore. «Mi fa tanto male la pancia, papà. Tu sei un dottore: fammi guarire.» A una simile richiesta non potevo certo tirarmi indietro: gli dissi che essendo un dottore avevo nelle mani un fluido magico e con questo curavo le persone. Al mio bambino brillarono gli occhi e si sdraiò subito in attesa della cura. Mi calai nella parte strofinandomi le mani e concentrandomi, e poi presi a massaggiare il suo addome fingendo uno sforzo sovrumano. Lui mi fissava con occhi sbarrati. Alla fine dell'intervento gli chiesi come andava. Il mal di pancia era scomparso e lui tutto felice andò saltellando ad annunciare alla mamma che il fluido di papà lo aveva guarito.

Devo però rivelarvi che in realtà non possiedo alcun fluido magico: ho semplicemente «coccolato» mio figlio che desiderava qualche attenzione da parte del suo papà. Ho rinforzato i miei «poteri» con un po' di scena così da rendere il mio intervento più efficace e ho recitato la parte in maniera serissima. Mio figlio aveva davvero il «mal di pancia» e davvero è «guarito». Avrei potuto ottenere lo stesso risultato se gli avessi dato delle caramelle magiche, degli zuccherini con poteri curativi sovrannaturali.

Ecco, sappiate che molti di noi, anche adulti, sono sensibilissimi a questo tipo di «riti» e alle palline di zucchero magiche: è quello che succede con l'omeopatia, zucchero travestito da farmaco, la medicina alternativa più diffusa al mondo. Si tratta di una pratica senza alcun fondamento scientifico, con un meccanismo d'azione mai dimostrato, che in tutti i test di verifica ha sempre mostrato di non essere più efficace di un placebo (ossia di un «farmaco» inerte, acqua o zucchero ad esempio), che è stata definita dall'associazione dei medici britannici «una stregoneria» ed è nata nel XIX secolo, epoca in cui si credeva alla «generazione spontanea» e non si conosceva l'esistenza dei batteri o dei virus.

Come chiamereste un rimedio per la salute che non ha mai dimostrato di funzionare e che sostiene di sfruttare dei concetti inesistenti come le energie vibrazionali, l'acqua informata e la memoria dell'acqua? Si tratta di un vero e proprio fenomeno paranormale, identico alle sedute spiritiche e agli oroscopi: anche questi hanno migliaia di seguaci nel mondo ma nessuno ne ha mai dimostrato la veridicità. Mentre l'affermazione che l'oroscopo sia una «sciocchezza» è diffusa e accettata, dire la stessa cosa dell'omeopatia, chissà perché, è un tabù. Sapeste quante maledizioni mi sono preso per averlo fatto...

L'omeopatia basa tutto il suo successo sulla poca informazione del consumatore. Gli omeopati infarciscono i loro spot pubblicitari di slogan come «sono milioni gli utilizzatori dell'omeopatia» o «un italiano su tre usa prodotti omeopatici»: tutto falso, è solo pubblicità. Il mercato dell'omeopatia, piccolissima fetta dell'enorme business farmaceutico, è in costante calo. I rimedi omeopatici sono venduti meno dei prodotti di bellezza e per l'igiene personale.[1]

Nonostante questa presunta diffusione mondiale, in ogni caso, né gli omeopati che la prescrivono né i consumatori che la utilizzano sanno bene di cosa si tratta. Una «medicina dolce», estratti di erbe per curare piccoli malanni: sono queste le risposte che darebbero quasi tutti se si chiedesse una definizione di omeopatia. Pochissimi (a essere ottimisti) risponderanno correttamente: una compressa che contiene solo il materiale di cui è fatta. In genere zucchero, altre volte amido o alcol.

Ne parleremo più avanti, ma quanti di voi sanno che in un rimedio omeopatico non c'è traccia del principio attivo che dice di «contenere»? Un medico coscienzioso può permettersi di prescrivere un placebo, una sostanza che non fa male (ma nemmeno «bene»), a chi abbia un attacco d'ansia o un banale raffreddore? Il problema che si pone è soprattutto etico: è corretto e moralmente giustificabile somministrare a un malato «nulla» facendogli credere di proporre un farmaco? Non solo: è corretto e giustificabile far passare per «scienza» e «medicina» ciò che in realtà è equivalente a una pozione magica? Queste considerazioni appartengono soprattutto alla sfera privata e deontologica

1 È possibile consultare i dati delle vendite relative al 2012 dei farmaci omeopatici sul sito: www.federfarmaservizi.it/files/bignews/IMS%20-%20Dati%20mercato%20fco%20luglio%202012.pdf.

di ciascun medico, ma pretendere che il paziente (e il consumatore in generale) sia informato e cosciente che una pillola venduta come «rimedio scientificamente provato» è in realtà il prodotto di teorie pseudoscientifiche e non ha mai dimostrato di essere efficace è il minimo, almeno dal punto di vista etico.

C'è di peggio comunque.

L'omeopatia in genere pretende di curare piccoli malanni, disturbi che passano da soli, sintomi che al massimo ci costringono a stare un giorno a casa. In genere, ho puntualizzato, perché in certi paesi (in India ad esempio, con il cosiddetto «protocollo Banerji») il granulo magico viene utilizzato anche per «curare» il cancro o l'Aids, e in Africa ne viene incoraggiato l'uso contro la malaria che in certi paesi miete migliaia di vittime. Questo è il vero pericolo delle cosiddette medicine alternative: utilizzarle per malattie serie, quando non bisogna scherzare, e affidarsi alle stregonerie è pericoloso e spesso letale. Anche l'omeopatia, considerata medicina «non pericolosa», può causare indirettamente gravissimi danni: venduta come efficace, può distogliere da cure reali e far perdere tempo prezioso quando bisogna intervenire subito.

La pozione magica

Per l'omeopatia, se un'ape dovesse pungerci abbiamo un metodo efficace, sicuro ed economico per alleviare il dolore.

Preparare una «tintura madre» con il veleno dell'ape: basta metterlo in alcol e ottenere 100 ml di soluzione. Di questa ne prendiamo 1 ml.

Preparare quindi 99 ml di acqua pulita.

Aggiungere ai 99 ml di acqua il millilitro di veleno d'ape in alcol. Abbiamo ottenuto 100 ml di veleno d'ape diluito, ovvero una parte di principio attivo e 99 di solvente; questa è la prima diluizione omeopatica, che si chiamerà 1CH (che significa prima diluizione centesimale di Hahnemann, l'inventore dell'omeopatia). Battiamo cento volte il contenitore verticalmente (si chiama «succussione omeopatica»).

Prendiamo ora 1 millilitro di questa soluzione ottenuta e diluiamolo in 99 ml di altra acqua pulita. Battiamo di nuovo il bicchiere che contiene la soluzione per cento volte su un tappeto di gomma (se dovessimo seguire alla lettera le istruzioni originali dovremmo utilizzare una Bibbia ricoperta di crine di cavallo) appoggiato al tavolo. Chiameremo questa soluzione 2CH.

Prendiamo quindi 1 millilitro della 2CH e diluiamolo in altri 99 ml di acqua e battiamo di nuovo. Ripetiamo le stesse operazioni fino ad arrivare alla 7CH, cioè alla settima diluizione omeopatica. Secondo voi quanto veleno d'ape sarà rimasto nell'acqua dopo tutte queste diluizioni? Pochissimo, diremmo quasi niente. Ma l'omeopatia non si ferma qui. Per quante poche siano, vi sarà ancora qualche molecola di veleno d'ape e quindi non sarebbe scientificamente corretto affermare che in questa soluzione 7CH ci sia solo acqua; per precisione, si tratta ancora di acqua con alcune (minime) tracce di veleno d'ape che comunque a queste diluizioni molto probabilmente non avrebbe alcun effetto (positivo o negativo) sul nostro organismo. Non stiamo parlando ancora di omeopatia. Procediamo allora come vorrebbe un omeopata.

Dalla diluizione 7CH, prendiamo 1 ulteriore millilitro di soluzione e diluiamolo in altri 99 ml di acqua... e battiamo. Poi di nuovo, di nuovo e di nuovo fino alla 12CH. Per la scienza, le leggi della fisica e in particolare per una di quelle norme che regolano quanto ci circonda (si chiama legge di

Avogadro), a questo punto nel bicchiere con la soluzione che stiamo preparando non c'è più nessuna traccia della sostanza di partenza, il veleno d'ape nel nostro caso. Per essere precisi, una molecola potrebbe pure esserci ma è altamente improbabile e non sapremmo mai se si trova proprio nell'ultimo bicchiere che abbiamo preparato. Ma l'omeopatia non si annoia, e mentre noi pensiamo di aver già diluito abbastanza quella piccola quantità di veleno perché questa possa avere una qualsiasi azione su di noi, la «medicina ultradiluita» sostiene che un rimedio è tanto più attivo quanto più il principio iniziale è diluito. E infatti la maggioranza dei preparati omeopatici è venduta alla diluizione di 30CH. L'omeopata prenderà una goccia di quell'acqua e la spruzzerà su un granulo (una pallina) di zucchero, l'acqua dopo qualche minuto evaporerà e quindi avremo un granulo di zucchero sul quale è stata spruzzata dell'acqua nella quale non c'era nulla e dopo l'evaporazione, naturalmente, non ci sarà nemmeno l'acqua.

Questa è una medicina omeopatica.

Dopo tutto ciò, un omeopata vi dirà che assumere quel granulo vi guarirà dai fastidi provocati dalla puntura di un'ape. Ci credete? Confido nelle vostre capacità critiche, ma pure se fossi un inguaribile pessimista, pensare che qualcuno possa abboccare a una magia del genere mi porterebbe a un profondo stato di frustrazione.

Ancora più incredibile è un'altra tecnica di diluizione omeopatica, quella «korsakoviana» (dal suo inventore, Semen Korsakov, un impiegato statale russo), la quale prevede di svuotare la provetta che contiene la soluzione già diluita e riempirla di nuovo, poi svuotarla e riempirla un'altra volta e così via, fino alla diluizione desiderata (che in questo caso si indica con la lettera K, non con CH). Sarebbe il liquido che resta nelle pareti della provetta dopo il suo svuotamento a mantenere integre le proprietà misteriose della pozione omeopatica. Roba da non crederci, vero? Dite la verità allora: pensate sul serio che quel granulo contenga ancora la sostanza iniziale? O si tratta della versione moderna delle pozioni delle streghe? Se volessimo analizzare un granulo omeopatico, ovviamente, il risultato sarebbe facile: zucchero, c'è solo zucchero.

Il fatto che una caramella di zucchero possa curare una malattia è talmente implausibile che gli stessi omeopati cercano in tutti i modi di non esaltarlo. Tempo fa scrissi un articolo che spiegava proprio l'assenza di principio attivo in ogni granulo omeopatico oltre la dodicesima diluizione. Le mie parole non furono gradite, tanto che la presidentessa della Siomi, la società di omeopatia più importante in Italia, mi attaccò in una lettera aperta indirizzata al direttore del giornale online su cui era apparso il mio articolo (minacciandolo di non acquistare più le copie in edicola). Per lei, le mie parole erano frutto di ignoranza e pregiudizio. La dottoressa dimenticava però che ella stessa aveva ammesso questa evidenza. In un'intervista le sottoposero una riflessione: «Se l'omeopatia funzionasse, andrebbe contro tutti i principi della fisica, della chimica e della biologia: dopo dodici diluizioni centesimali è acqua diluita con acqua». La sua risposta fu: «Ha ragione. Ma questo è un problema più della fisica che dell'omeopatia».[2]

Chissà perché quando sono stato io a spiegare ai lettori un concetto che anche per lei è assodato, si disse indignata e sbigottita. Queste cose non succedono solo in Italia: una rappresentante delle associazioni omeopatiche inglesi fu

---

2 S. Lorenzetto, *L'unico ospedale d'Europa che ti cura con l'omeopatia*, www.ilgiornale.it, 21 agosto 2011, consultabile al sito: www.ilgiornale.it/news/l-unico-ospedale-d-europa-che-ti-cura-l-omeopatia.html.

convocata per un'audizione presso la commissione per la Scienza e la Tecnologia britannica. Alla domanda di uno dei componenti: «È possibile distinguere tra loro i farmaci omeopatici dopo la loro diluizione? C'è un modo per distinguerne uno da un altro?», l'omeopata rispose: «Dall'etichetta». Se non fosse che gli omeopati pretendono di curare le malattie, rideremmo di gusto.

Un po' di storia

Anche l'idea che l'omeopatia sia una pratica «moderna» è fuori luogo, giacché fu ideata da Samuel Hahnemann, un medico tedesco che nel 1806 pubblicò *La medicina dell'esperienza*, volume in cui delineava i principi alla base dell'omeopatia. All'epoca non si conoscevano le cause delle malattie, non s'immaginava l'esistenza dei batteri e dei virus, non si sapeva nemmeno come funzionasse esattamente il corpo umano. La medicina di allora aveva pochissime armi (forse nessuna) per guarire i malati; gli antibiotici erano sconosciuti e il massimo che si potesse offrire, oltre al salasso (un abbondante prelievo di sangue, usato praticamente per qualsiasi disturbo di salute, dalla tubercolosi ai tumori) praticato applicando delle sanguisughe (vermi acquatici dotati di denti e ventose che si nutrono di sangue), erano sostanze come l'arsenico, interventi come l'amputazione, anestesie con l'etere. Non stupisce quindi che un medico autoproclamatosi inventore di un metodo di cura non pericoloso, indolore e ingegnoso godesse di molte orecchie speranzose e pronte ad ascoltarlo.

Questo qualche secolo fa. Oggi... succede ancora. Voglio dire, se oggi chiedessi a un mio paziente se preferisce essere curato dal suo raffreddore con venti sanguisughe

applicate alla schiena oppure con un granulo di zucchero dalle potenzialità magiche, probabilmente anche lui come i nostri avi sceglierebbe il granulo magico, ma al momento (fortunatamente...) abbiamo qualcosa in più delle sanguisughe.

Nonostante ciò ai nostri giorni ci sono ancora medici che dicono di curare con i granuli spruzzati di acqua e pazienti che sostengono di guarire seguendo quel rimedio.

Com'è possibile?

Se chiedete a un omeopata di spiegare i meccanismi di funzionamento della pratica che propone vi sentirete spesso elencare una serie di improbabili espressioni altisonanti, come memoria dell'acqua, terapia informazionale, vibrazioni energetiche: tutte parole che lasciano percepire qualcosa di simile a un complicato meccanismo attivato non si sa bene come. Traspare quasi un senso di sacra scientificità e chi non sa di cosa si stia parlando si lascerà incantare come un serpente davanti al suonatore di flauto. Chi conosce la materia, invece, si accorge che quei termini di scientifico hanno pochissimo, anzi niente, diciamolo pure.

La «memoria dell'acqua» è un'affascinante teoria che vorrebbe l'acqua capace di mantenere nel tempo il ricordo di tutto ciò con cui è venuta a contatto. Se la avviciniamo al ferro essa ricorderà (per motivi sconosciuti) per sempre le proprietà di questo minerale, potendo così trasmetterle a chi ne facesse uso. Questo non accade in ogni caso ma solo se compiamo (chissà perché) il «rito» della succussione, ovvero lo scuotimento della soluzione omeopatica dall'alto verso il basso per cento volte (che ho descritto anche nell'esempio della diluizione del veleno d'ape di prima). Più si diluisce l'acqua che contiene una sostanza, più questa diventa efficace: la succussione la attiva, in termini omeopatici la «dinamizza». È questa l'anima dell'omeopatia, un rito magico vero e proprio, una procedura religiosa con un cerimoniale ben preciso e che diventerebbe «scienza» solo perché chi la usa ci crede e chi la vende sostiene che funzioni. Si tratta però di teorie assolutamente infondate, mai dimostrate.

Gli studi sull'omeopatia

Tutti gli studi scientifici più corretti hanno dimostrato che le basi teoriche dell'omeopatia sono inventate, non hanno alcuna attendibilità.[3] Eppure qualcuno potrebbe obiettare che il progresso si svolge proprio in questi termini: anche qualcosa d'incomprensibile e non misurabile potrebbe funzionare e rappresentare un passo avanti nella conoscenza; proprio per questo gli scienziati negli anni hanno provato in tutti i modi a studiare i risultati dell'omeopatia, verificandone gli effetti sugli animali e poi sugli uomini. Il verdetto non lascia molto spazio ai dubbi: se è evidente dagli studi che l'omeopatia non funziona, ha senso continuare a usarla?

Vista la conclusione, ma anche le premesse, altri potrebbero obiettare che perdere tempo, soldi, fatica, lavoro e cervelli preziosi nello studio di una teoria balzana sia assurdo e privo di convenienza, ma non è esattamente così: è bene che la scienza studi tutto ciò che sembra funzionare, per non perdere l'occasione di scoprire qualcosa che possa far bene a tutti noi.

Certo, se gli studi sull'omeopatia ci dicono che un granulo di acqua e zucchero (omeopatico) è efficace come un granulo

---

[3] Si veda, ad esempio, E. Ernst, *Homeopathy: What Does the «Best» Evidence Tell Us?*, «The Medical Journal of Australia», 19 aprile 2010.

di acqua e zucchero (il placebo), il dubbio di un'enorme perdita di tempo e denaro appare giustificato. Si potrebbe sostenere ancora che non è credibile che un'azienda venda una caramellina fatta di solo zucchero come medicina e trovi tanta gente disposta ad acquistarla. Rispondo citando gli ingredienti di uno dei rimedi omeopatici più noti e venduti nel mondo: si chiama Oscillococcinum® ed è prodotto dalla francese Boiron, storica azienda omeopatica. Sulla confezione statunitense c'è scritto che ogni granulo pesa un grammo ed è composto all'85 per cento di saccarosio (che è uno zucchero) e al 15 per cento di lattosio (un altro zucchero). Totale: 100 per cento di zucchero. Nessun trucco né imbroglio da parte dell'azienda produttrice: quel granulo è zucchero che costa mille euro al chilo, non è nemmeno un prodotto a buon mercato.

Ma andiamo all'evidenza. Quando la scienza nega un fenomeno, è difficile continuare a sostenerne l'esistenza, ma se si hanno sufficienti argomenti a favore si potrà insistere almeno con quelli. Se gli scienziati dicessero che l'omeopatia non è un rimedio reale ma il suo utilizzo guarisce i malati, ci troveremmo al cospetto di un fenomeno dibattuto eppure molto interessante: non si sa come né perché, ma questa «stregoneria» è maledettamente efficace. Invece l'omeopatia trova un ulteriore ostacolo molto serio: non vi è alcuna prova che funzioni. Sempre per essere precisi, non vi sono prove che funzioni più di un placebo. Non vi è nemmeno qualche elemento di dubbio. Nessuno studio ha mai dimostrato che l'omeopatia possa funzionare come medicina.

La ricerca che fece più scalpore uscì nel 1988 su una delle riviste scientifiche di maggior successo, prestigio e notorietà. Il suo autore non era un anonimo medico di provincia, ma un conosciuto e importante scienziato francese: Jacques Benveniste. Il suo studio concluse che un rimedio omeopatico riusciva a suscitare una reazione in alcune cellule sanguigne.[4] Doveva essere la prima prova scientifica di un possibile effetto dell'omeopatia, con cui si era riusciti a dimostrare la memoria dell'acqua e i benefici delle diluizioni spinte.

Il mondo scientifico si trovò davanti a qualcosa di assolutamente incredibile e imprevedibile e l'eco della «scoperta» si sparse in ogni angolo del pianeta. Se quell'esperienza fosse stata confermata, quasi tutte le conoscenze della scienza sarebbero diventate di colpo obsolete. Una vera e propria rivoluzione.

L'effetto di una grande innovazione nel modello scientifico è simile a quello provocato da una mollica di pane quando cade nei pressi di un formicaio. Centinaia, migliaia di formiche piombano sul cibo per portarlo nella tana; è egoismo, ma contribuisce alla sopravvivenza della comunità. Questo accadde con lo studio di Benveniste. Era talmente enorme la novità annunciata che altri scienziati provarono a riprodurre l'esperimento, eppure nessuno ci riuscì: nessuno otteneva i risultati del gruppo francese.

Qualcuno malignamente pensò che i dati fossero truccati. Benveniste aveva barato? C'era un solo modo per scoprirlo: chiedergli di ripetere l'esperimento sotto controllo. Nel suo laboratorio dell'Inserm di Parigi si recarono allora alcuni studiosi e con loro un esperto di illusionismo e truffe, James Randi. Quest'ultimo notò alcune stranezze nella procedura, ad esempio l'assistente dello scienziato francese riportava i risultati a matita su un bloc-notes che poi veniva messo in borsa e portato a casa. Bastarono qualche accorgimento e

---

[4] J. Benveniste, E. Davenas, F. Beauvais, J. Amara, M. Oberbaum, B. Robinzon et al., *Human Basophil Degranulation Triggered by Very Dilute Antiserum Against IgE*, «Nature», 30 giugno 1988.

un po' d'astuzia (e in questo ebbe un ruolo fondamentale la scaltrezza di Randi, oggi diventato uno dei più noti demolitori di bufale) per scoprire una delle truffe scientifiche più clamorose e beffarde del nostro secolo: Benveniste aveva giocato sporco, imbrogliava. I risultati del suo studio erano falsi. Uno scandalo e una figuraccia storici.

Anche più di recente un noto quotidiano italiano (nella sua versione online) pubblicava il resoconto di uno studio scientifico appena uscito e curato da un'università italiana.[5] Le conclusioni venivano definite «storiche»: per la prima volta un ansiolitico omeopatico (il *Gelsemium sempervirens*) aveva mostrato di essere efficace nel risolvere i sintomi ansiosi come un farmaco standard (il Buspirone®). Alcune cavie erano state sottoposte a stimoli ansiogeni e sarebbero stati confrontati i risultati dei due prodotti, somministrati per via intraperitoneale (un'iniezione all'interno dell'addome) per nove giorni (prestiamo attenzione a questa scelta di tempo). La ricerca concludeva che il prodotto omeopatico funzionava esattamente come l'altro.

Il grande entusiasmo scatenato dallo studio e la continua citazione su tutti gli organi ufficiali del mondo dell'omeopatia ne sancivano l'effettiva validità. In effetti lo studio era di buon livello, curato, ben scritto. C'era un piccolo particolare, però, che sarebbe sfuggito a chiunque non avesse letto riga per riga quella ricerca e soprattutto a chi non conosca bene la farmacologia, in particolare quella relativa al Buspirone, il farmaco confrontato nell'esperimento con il rimedio omeopatico.

---

[5] P. Magnani, A. Conforti, E. Zanolin, M. Marzotto, P. Bellavite, *Dose-Effect Study of Gelsemium Sempervirens in High Dilutions on Anxiety-Related Responses in Mice*, «Psychopharmacology», luglio 2010.

Il Buspirone è un ansiolitico abbastanza conosciuto ed efficace. Ha però un limite d'azione noto, che è descritto sia in letteratura sia nei manuali di medicina. La sua azione insorge molto lentamente, almeno dopo due settimane; a volte (come affermano molte fonti) anche in un mese o più. Questa notizia è riportata addirittura nella stessa scheda informativa del farmaco: servono almeno quattordici giorni di somministrazione per raggiungere il massimo effetto.

In un attimo, tutti quei mesi di studio, i soldi investiti, le risorse umane impiegate e le grida di giubilo sono apparsi inutili. Se il Buspirone funziona dopo due settimane almeno, perché somministrarlo per nove giorni? Non solo l'esperimento è stato invalidato da questa scelta, ma se dovessimo essere pignoli potremmo sostenere che il prodotto omeopatico è stato paragonato a un farmaco ancora inerte, praticamente un placebo. Alla luce di questa visione delle cose, il risultato suonerebbe circa così: l'ansiolitico omeopatico è risultato efficace come un placebo. Servivano tanta fatica e clamore per ribadire ciò che già da anni si sapeva?

Ci sono tanti altri punti dello studio scorretti e non accurati: analisi statistica poco precisa, mancanza di effetto dose-dipendente, disatteso l'assioma omeopatico della «personalizzazione del trattamento»; o ancora il fatto che il rimedio omeopatico sia stato somministrato diluito in alcol che per sua caratteristica ha un significativo effetto sedativo (e quindi già da solo poteva produrre reazioni), o l'evidente casualità dei risultati (con il prodotto omeopatico i topi alcune volte manifestavano effetti, altre no, ma l'autore ha considerato solo i risultati che gli davano ragione). Questa però non è la sede adatta a discuterli in maniera esaustiva.[6]

---

[6] Sono state pubblicate altre obiezioni alla ricerca sul *Gelsemium*, che hanno evidenziato i numerosi errori dello studio. Per approfondire

Nonostante ciò gli omeopati continuano ad affermare che le loro «cure» funzionano e che ci sono centinaia di studi a confermarlo.

La prima affermazione è, come abbiamo visto, assolutamente falsa dal punto di vista scientifico. Eppure ci sono milioni di persone in tutto il mondo che hanno fatto ricorso a prodotti omeopatici almeno una volta nella loro vita. Il fatto che tanta gente utilizzi qualcosa non ci convincerà mai delle sue proprietà benefiche, altrimenti mi verrebbe semplice persuadervi che fumare fa bene alla salute o bere alcol sia una buona abitudine. Passiamo quindi oltre.

Molti sostenitori dell'omeopatia affermano di aver curato un proprio malanno con l'assunzione di granuli omeopatici o che gli stessi abbiano guarito dei bambini, degli animali o persino delle piante. Secondo gli omeopati, bambini, animali e piante non sono sensibili all'effetto placebo, quindi l'unica spiegazione ragionevole è che la loro guarigione sia dovuta all'omeopatia.

Non è vero.

Il placebo funziona anche con i bambini e gli animali

Prima di tutto l'effetto placebo non è un concetto astratto: è qualcosa di tangibile, preciso, misurabile e conosciuto.

---

la questione si vedano: S. Chirumbolo, *Gelsemine and Gelsemium Sempervirens L. Extracts in Animal Behavioral Test: Comments and Related Biases*, «Frontiers on Neurology», maggio 2011, consultabile al sito: www.ncbi.nlm.nih.gov/pmc/articles/PMC3098419/; L. Cervo, V. Torri, *Comment on: «Dose-Effect Study of Gelsemium Sempervirens in High Dilutions on Anxiety-Related Responses in Mice»*, «Psychopharmacology», marzo 2012.

Un placebo è una preparazione che può avere diverse forme (compressa, capsula, sciroppo...) e viene usata per esperimenti medici. Contiene una sostanza che a quelle dosi non può avere alcun effetto (ad esempio zucchero o amido) e viene impiegata soprattutto per misurare gli effetti di un farmaco. Se il nuovo medicinale contro il mal di denti funziona meglio di un placebo (sarebbe bene dire «molto meglio»), ha una certa efficacia e può essere approvato e messo in commercio. Se funziona addirittura meglio del miglior farmaco oggi disponibile per il mal di denti, probabilmente lo sostituirà. Quindi il primo passo della sperimentazione di una nuova cura è la sua comparazione con un placebo.

L'effetto placebo agisce su tutti: piccoli (anzi, sembra che su di loro funzioni meglio)[7] e grandi, sani e malati. Un bambino che ha la tosse, guarirà da solo (se non si tratta di processi morbosi molto gravi o di soggetti deboli). Siamo noi genitori a stare in ansia guardando nostro figlio che tossisce spesso o che non è vivace come al solito. La malattia dei bambini, spesso, ha effetti disastrosi e deleteri sui genitori che invece di fare quanto sarebbe ragionevole (osservare, seguire il decorso, sollevare l'umore del piccolo malato e idratarlo) entrano in uno stato di agitazione tale da rischiare di adottare comportamenti più pericolosi della malattia stessa.

Imbottire di antibiotici un bambino è assolutamente criminale quando non ce n'è bisogno (e quasi mai ce ne sarebbe bisogno), tanto quanto dargli un inutile granulo di

---

[7] S. Rheims, M. Cucherat, A. Arzimanoglou, P. Ryvlin, *Greater Response to Placebo in Children than in Adults: A Systematic Review and Meta-Analysis in Drug-Resistant Partial Epilepsy*, «Plos Medicine», 12 agosto 2008, consultabile al sito: www.plosmedicine.org/article/info%3Adoi%2F10.1371%2Fjournal.pmed.0050166.

acqua e zucchero. Se non somministrassimo nulla al pargolo, la sua tosse sparirebbe in pochi giorni (quattro o cinque in genere); ma se gli diamo il granulo omeopatico ci sentiamo in pace con noi stessi, crediamo di aver «curato» nostro figlio, non ci rimproveriamo di star lì impotenti a veder soffrire la piccola peste. Quando, in effetti, dopo quattro o cinque giorni nostro figlio starà meglio, perché questo è il decorso naturale della malattia, non avremo dubbi: è guarito con il granulo omeopatico. Non stiamo mentendo, siamo davvero convinti dei fatti: stava male, ha preso il rimedio omeopatico, è guarito. Semplice. Non ci accorgiamo però che abbiamo mentito a noi stessi e a nostro figlio. Noi abbiamo «finto» di curarlo e nostro figlio ha avuto bisogno di una pillola di zucchero per sentirsi coccolato e curato.

La visita dell'omeopata segue tutti i crismi della «perfetta visita medica» e molti di loro potrebbero insegnare a illustri cattedratici come dovrebbe essere effettuata una buona consulenza. Il nostro dottore di fiducia è spesso sbrigativo, superficiale: ci chiede i sintomi ma nemmeno sa se ci nutriamo bene, ha un atteggiamento distaccato, freddo, quasi insensibile. Non è sempre così ma lo è sempre più di frequente quando non dovrebbe esserlo mai.[8]

---

8 Si possono vedere in merito alcuni interessanti studi: U. Altunç, M.H. Pittler, E. Ernst, *Homeopathy for Childhood and Adolescence Ailments: Systematic Review of Randomized Clinical Trials,* «Mayo Clinic Proceedings», gennaio 2007, consultabile al sito: www.adhdinfocentre.com/homeopathy/Homeopathy%20for%20Childhood%20and%20Adolescence%20Ailments%20Systematic%20Review%20of%20Randomized%20Clinical%20Trials.pdf; M. Cucherat, M.C. Haugh, M. Gooch, J.P. Boissel, *Evidence of Clinical Efficacy of Homeopathy. A Meta-Analysis of Clinical Trials. HMRAG. Homeopathic Medicines Research Advisory Group,* «European Journal of Clinic Pharmacology», aprile 2000.

L'omeopata invece prende tutto con calma. Si informa su ogni fase della nostra vita a partire dal parto, sulle nostre condizioni psicologiche, sull'umore e sull'alimentazione. Ci coccola insomma, ci sta vicino e s'interessa a noi: proprio quello che vorremmo da parte di ogni medico. Poco importa se il suo rimedio è semplice acqua, si è creato uno stato di empatia difficilmente incrinabile. Questo ha a che fare con l'effetto placebo? Sì, lo rafforza. In quel momento l'omeopata potrebbe prescriverci indifferentemente zucchero o sale, acqua o vino, noi stiamo già meglio appena usciti dal suo studio. Certo, questo accade per piccoli malanni passeggeri, ma tanto ci basta e... sorpresa, uno studio ha dimostrato che gli effetti dell'omeopatia sull'artrite non dipendono dal rimedio prescritto ma dalla visita: più era approfondita e gradita, più l'omeopatico utilizzato nello studio mostrava di funzionare.[9]

E gli animali?

Come può avverarsi un effetto placebo sugli animali, non sono certo influenzabili come gli esseri umani! E invece lo sono. Provando per un attimo a non immaginare strani e misteriosi meccanismi di cura tipici delle medicine alternative, tentiamo di rispondere a una semplice domanda: sta meglio un cane coccolato, nutrito a croccantini e acqua fresca e lasciato correre su un prato o un altro che beve acqua stantia e mangia avanzi?

La risposta non la voglio dare perché confido nella vostra intelligenza, ma sarà curioso notare come, in effetti, la

9 S. Brien, L. Lachance et al., *Homeopathy Has Clinical Benefits in Rheumatoid Arthritis Patients that Are Attributable to the Consultation Process but not the Homeopathic Remedy: A Randomized Controlled Clinical Trial*, «Rheumatology», 13 novembre 2010, consultabile al sito: rheumatology.oxfordjournals.org/content/early/2010/11/08/rheumatology.keq234.full.

storia del farmaco omeopatico che cura gli animali è poco più di una leggenda. È confermato che il placebo ha effetto anche sugli animali (grazie a un test su topi ai quali era stato trapiantato il cuore: il gruppo che aveva assunto placebo è sopravvissuto più di quello che non ha assunto nulla). Anche in questo caso, gli studi più corretti hanno dimostrato che l'omeopatia funziona esattamente come un placebo e che gli animali, al pari dell'uomo, sono sensibili ai condizionamenti esterni;[10] per questo, anche quando si studiano i loro comportamenti e le loro reazioni fisiche, è bene realizzare le ricerche in maniera più corretta possibile. Quando questo avviene, gli effetti dei prodotti omeopatici sugli animali spariscono.

E sulle piante?

Il placebo funziona addirittura su di loro? Ai tempi di mia nonna il placebo specifico per i vegetali era chiamato «pollice verde»: chi tratta «bene» i fiori e le piante, li cura con particolare attenzione e li controlla amorevolmente, vede i risultati più evidenti, ad esempio i pomodori crescono di più e le rose sono più belle. Chi trascura le piante di solito vede letteralmente sfiorire i suoi sforzi. Per quanto concime si possa mettere, la cura personale è insostituibile. I vegetali non lo capiscono di certo ma le loro foglie, la terra che li nutre e il vaso che li contiene, soprattutto se abbastanza capiente, sì. Sarà un caso ma anche le piante stanno meglio con l'acqua fresca.

Parliamoci chiaro adesso: se l'omeopatia è solo acqua, se funziona come una pillola di zucchero, che importanza

10 L. Hektoen, S. Larsen, S. A. Odegaard, T. Løken, *Comparison of Homeopathy, Placebo and Antibiotic Treatment of Clinical Mastitis in Dairy Cows. Methodological Issues and Results from a Randomized-Clinical Trial*, «Journal of Veterinary Medicine», dicembre 2004.

ha se qualcuno la usa? Non fa male, questo basta e avanza. Non è proprio così. Non tutti gli omeopati sono onesti e coscienziosi e potrebbero prescrivere un rimedio omeopatico quando invece servirebbe un farmaco vero.

Ultimamente, inoltre, molte aziende del settore stanno «alzando il tiro», proponendo rimedi anche per malattie piuttosto serie che, se non trattate come si deve, possono aggravarsi e diventare persino letali (come l'asma, le crisi allergiche, la bronchite).

Un caso di cronaca successo in Italia racconta di una ragazza diabetica deceduta perché le sue dosi d'insulina quotidiane (necessarie per la sua sopravvivenza) erano state sostituite da prodotti erboristici e omeopatici,[11] un altro povero bambino è morto per le complicanze di un'influenza curata con prodotti omeopatici. Le stesse cose accadono, com'è ovvio, anche in altre parti del mondo.

Per questo motivo «fare sconti», o essere teneri con una terapia che terapia non è, può comportare responsabilità che io non intendo assumermi. Oltre all'aspetto strettamente scientifico e all'inefficacia provata di questa pseudocura, non è da sottovalutare l'aspetto etico: non è giusto, né deontologicamente corretto, mentire al paziente. Noi medici non possiamo prescrivere delle caramelle sostenendo che siano curative: il «patto» con il paziente deve basarsi su nostre caratteristiche quali preparazione, onestà, correttezza ed equilibrio. È disonesto anche consigliare rimedi omeopatici per «accontentare» il paziente: è una scusa insulsa, oltre che pericolosa perché può sviare quelle persone da cure efficaci.

---

[11] M. Bocci, F. Selvatici, *Firenze, via l'insulina. Diabetica muore a 16 anni*, versione online de «la Repubblica», 14 maggio 2008, consultabile al sito: www.repubblica.it/2008/05/sezioni/cronaca/insulina-diabetica/insulina-diabetica/insulina-diabetica.html.

L'omeopatia dovrebbe essere ormai solo il ricordo di un'epoca passata, esattamente come gli oroscopi; oggi, nonostante la legge ne permetta la vendita, la semplice ragione dovrebbe farla sparire dagli scaffali delle farmacie.[12]

Un rito magico per curare tutte le malattie

Non è quindi esagerato affermare che l'omeopatia, come la maggioranza delle terapie alternative, è essenzialmente un rito magico, del quale ricalca pure le cerimonie.

Nel suo utilizzo sono fondamentali alcune procedure. Mai toccare il granulo omeopatico con le mani (si ingurgita mettendolo direttamente in bocca), questo perché si potrebbe «condizionare» l'efficacia del prodotto. Non si capisce però il motivo per cui le mani invaliderebbero il rimedio mentre la plastica del flacone, la saliva, la lingua, i batteri presenti in bocca non hanno alcuna influenza (queste cose non le spiegano nemmeno gli omeopati, o meglio, le spiegano in maniera incomprensibile con una sorta di linguaggio pseudomagico e pseudoscientifico che non chiarisce nulla).

Mai bere caffè o usare dentifricio quando si assume un rimedio omeopatico, per lo stesso motivo. Chissà perché il dentifricio ha un effetto dannoso mentre i tubi nei quali scorre l'acqua per preparare le diluizioni non condizionano il prodotto, né lo hanno fatto i letti dei fiumi.

Misteri della fede omeopatica.

---

12 In Italia la vendita di omeopatici è legale. Si veda il nuovo Codice europeo (Capo II D.Lgs 219/2006) e le modifiche introdotte con il D.Lgs n. 274 del 29 dicembre 2007 («Gazzetta ufficiale» n. 38 del 14 febbraio 2008).

In realtà tutte queste «cerimonie» e regole, fanno parte di un preciso programma di condizionamento che rafforza l'effetto placebo: far apparire «magico» un rimedio che scientificamente è inspiegabile. La cerimonia deve essere precisa, pomposa, ricca di dettagli; così come la visita del medico omeopata, lunga, accurata, condotta con pignoleria, avrà sicuramente effetti «terapeutici» a prescindere da cosa lui ha prescritto. È molto più efficace un granello di zucchero consigliato con dedizione e amore che un potente farmaco dato sbrigativamente e senza alcuna empatia con il paziente.

Intendiamoci, l'omeopatia non è l'unica pratica alternativa che sfrutta la pseudoscienza per autocelebrarsi, ne esistono altre.

I fiori di Bach

Nel negozio sotto casa mia sto scegliendo il tipo di paprika adatta al gulash che voglio preparare: stasera mi improvviso chef per fare una sorpresa a mia moglie. Vicino al banco delle spezie, c'è uno scaffale dedicato ai prodotti «naturali» per la salute. Lascio perdere per istinto la paprika, e il mio occhio cade su un presunto rimedio per l'ansia: fa parte di una serie di «fiori di Bach». C'è quello per l'insonnia e quello per «chi sogna a occhi aperti». Mi sa che chi spende i propri soldi per cose del genere è davvero un tipo da sogni a occhi aperti, perché quella dei fiori di Bach è un'altra terapia che pesca dal «cerimoniale» magico e assomiglia molto da vicino all'omeopatia.

Si tratta in sostanza di una sua variante ancora più stregonesca (se possibile). Una sorta di lontana cugina che unisce alla diluizione delle sostanze attive (in questo caso fiori) altri riti come l'esposizione alla luce del sole, la somministrazione di un rimedio differente secondo il carattere del soggetto da curare e un ben preciso rituale di raccolta degli ingredienti. In una bella mattina assolata recidere con cura i fiori da utilizzare come terapia, metterli in acqua, far «assorbire l'energia solare» (pratica senza senso...), prendere l'acqua residua e diluirla in brandy, poi diluirla ancora fino a ottenere il rimedio finale.

Esistono fiori di Bach per i disturbi nervosi, le coliche, la difficoltà a prendere sonno e tanto altro. Ma esiste anche un mix che si può utilizzare come rimedio di «pronto soccorso»: quando stiamo male e non sappiamo cosa prendere, qualche goccia di acqua di fiore «energizzata al sole» e staremo subito meglio...

Anche qui numerosi ostacoli non ci permettono di definire come efficace questa terapia. Intanto non vi è alcuna spiegazione né dimostrazione che i fiori esposti alla luce del sole ricevano una qualche forma di energia capace di aumentarne le capacità terapeutiche o esaltarne le proprietà.

In secondo luogo, nel metodo dei fiori di Bach non si procede all'estrazione dei principi attivi delle piante, che pure hanno qualche noto effetto (anche molto potente: gran parte dei veleni appartengono al regno vegetale). Si attende che i fiori trasmettano all'acqua, chissà come e perché, fantomatiche energie curative (mai dimostrate, spiegate, misurate) e misteriose capacità di guarigione.

Tra i presunti rimedi di Bach e le malattie che dovrebbero curare non vi è alcuna corrispondenza logica o chimica e non vi è neppure una dimostrazione scientifica, o almeno un'evidenza, che i fiori possano guarire una patologia più di quanto farebbe una pallina di zucchero. La letteratura scientifica parla chiaro: i fiori di Bach non funzionano meglio di un placebo, esattamente come l'omeopatia dalla quale Bach (il medico che inventò questa pratica) pescò a piene mani.

I rimedi si presentano sempre in forma liquida e sono somministrati in gocce; sono prescritti di solito per combattere i disturbi legati all'ansia e per una persona ansiosa sapere che c'è chi si prende cura di lei, come abbiamo visto, è la più importante delle medicine, senza alcun effetto collaterale. Se poi i disturbi peggiorano, basta andare dal medico e farsi prescrivere farmaci veri. L'ansioso si troverà quindi ancora alle prese con il suo problema, avrà perso tempo probabilmente prezioso e avrà le tasche più leggere.

Pratiche come l'omeopatia e i fiori di Bach hanno migliaia di seguaci nel mondo, alcuni inconsapevoli di ciò che stanno assumendo, altri del tutto consci. Questi trasformano la conoscenza di un tema delicato come quello della salute, in una fede cieca: ci credono perché non può essere falso.[13] E se qualcuno pensa che della semplice acqua possa curare le malattie, perché non potrebbero riuscirci i profumi (aromaterapia), i colori (cromoterapia) o i cristalli (cristalloterapia)? Prego signori, per ogni malattia c'è un rimedio, basta crederci.

---

[13] Si veda in merito B. Beyerstein, *Social and Judgmental Biases that Make Inert Treatments Seem to Work*, «The Scientific Review of Alternative Medicine», 1999.

L'agopuntura

La medicina millenaria promossa da Mao

Quando cominciai a documentarmi sull'agopuntura ero preda di un pensiero fisso: immaginavo antichi saggi orientali in vestiti tipici impegnati in una nobile arte medica. L'agopuntura è percepita come una pratica millenaria la cui origine si perde nella notte dei tempi; questo d'altronde si legge spesso e quindi raffigurarsi un'atmosfera lontana e orientaleggiante quando si parla di questa tecnica viene spontaneo. Ma è davvero così?

Non esistono documenti ufficiali che certifichino l'anno di nascita della medicina basata sull'inserimento di aghi nella pelle, ma la notizia che la vuole come metodo antichissimo (qualcuno parla di più di tremila anni di esistenza), preistorico e popolare da secoli, non è per niente scontata.

Vi sono al contrario parecchie prove secondo cui l'agopuntura è una pratica molto più recente, nata per accontentare le comunità cinesi povere che non potevano permettersi le medicine costose, appannaggio dei benestanti. Lo stesso leader comunista cinese Mao Tse-tung fece di tutto per diffondere l'agopuntura nelle fasce meno abbienti della popolazione in sostituzione della medicina occidentale che costava moltissimo, ma non la utilizzò mai personalmente, non riponendo alcuna fiducia nelle sue capacità terapeutiche.[1]

Ai giorni nostri la storia diventa paradossale: in Cina l'agopuntura è richiesta dalla fascia più povera della popolazione, che non può curarsi pagando cifre elevate, mentre da noi occidentali è molto diffusa nella fascia medio-alta della società.

I primi riferimenti storici a pratiche simili all'agopuntura si trovano in testi del I secolo a.C. e descrivono l'uso di aghi come strumenti chirurgici per lo svuotamento di ascessi o l'incisione di ferite; qualcosa di più simile a piccoli bisturi piuttosto che ad aghi appuntiti. Nessun riferimento alla guarigione da malattie sistemiche. Anche i ritrovamenti archeologici confermano questa notizia: non sono mai stati rinvenuti aghi tanto sottili (come quelli che gli agopuntori usano oggi) da poter essere conficcati nella pelle dei malati senza ferirli o addirittura ucciderli.

D'altronde la tecnologia che ha permesso di fabbricare aghi simili risale a non più di quattrocento anni fa e questo è sicuramente un buon riferimento storico per definire l'agopuntura un metodo piuttosto recente, confermando come falsa la teoria che la vuole antica a tutti i costi. Il primo occidentale che ha scritto di agopuntura lo fece nel 1680, il termine «meridiano» fu utilizzato per la prima volta nel 1939 e l'auricoloterapia (agopuntura con inserimento di aghi sull'orecchio) fu inventata da un francese addirittura nel 1957... altro che pratica tradizionale!

Se pensiamo poi che nell'antica Cina la diagnosi delle malattie si faceva essenzialmente controllando il battito cardiaco e la lingua, possiamo immaginare come fosse

---

1 Li Zhi-Sui, *The Private Life of Chairman Mao*, Random House, New York 1996.

«evoluta» la cosiddetta medicina tradizionale di quel paese. Nessuno di noi probabilmente scambierebbe la nostra moderna medicina con quella antica cinese, e forse in pochi sanno che per gli stessi cinesi medicina significa ospedali, antibiotici e antidolorifici, esattamente come succede da noi. Se vista nell'ottica di una pratica moderna e non con la romantica e affascinante veste dell'antica arte cinese, l'agopuntura assume tutto un altro aspetto.

Meridiani e flussi di energia

Cominciamo da una spiegazione generale di questa nota medicina alternativa.

L'agopuntura si basa sul presupposto che ogni malattia sarebbe originata dallo squilibrio di presunte energie del nostro organismo (come possiamo notare, il concetto vago di «energia» è comune a molte pratiche alternative); normalmente non ci si ammala se tali forze non hanno alcuna disfunzione.

Per riportare l'equilibrio e tornare in salute serve agire su particolari zone situate lungo il corpo e dette punti di agopuntura, che risiedono su linee ben precise chiamate «meridiani». Stimolando i punti di agopuntura con degli aghi molto sottili, queste energie ritrovano il loro bilanciamento. Il flusso energetico che attraversa il nostro intero fisico prende il nome di Qi (si pronuncia «*chi*»).

I meridiani sono linee immaginarie: non esistono anatomicamente e non hanno una giustificazione o un senso dal punto di vista medico. Non ci sono vasi sanguigni o fasci muscolari corrispondenti ai meridiani, né esistono punti anatomici specifici identificabili con essi; tali linee non si vedono, non possono essere isolate, misurate o descritte.

Anche i punti sono letteralmente inventati, inizialmente in base ai giorni dell'anno (erano trecentosessanta), poi periodicamente li hanno rinnovati, aggiunti, modificati: oggi se ne conoscono più di duemila.

L'agopuntura è usata principalmente nella cura dei problemi dolorosi, come quelli delle articolazioni, le tensioni muscolari, i dolori mestruali o ossei; i trattamenti sono in genere divisi in diverse sedute e possono essere somministrati solo da medici abilitati alla professione. I pazienti riferiscono spesso un miglioramento della sintomatologia ma non sono conosciuti casi documentati di malattie risolte con l'uso dell'agopuntura. Sembra esserci quindi solo un'efficacia antidolorifica e comunque soggettiva, che risente con molta probabilità anche dell'effetto placebo.

Sul mito dell'agopuntura sono circolate vere e proprie leggende metropolitane. Si dice che in Cina si eseguano interventi chirurgici senza anestesia, o meglio con anestesia provocata da decine di aghi conficcati nella pelle. Si parla di tagli cesarei effettuati in questo modo ed esistono persino alcune riprese video un po' sgranate che testimonierebbero l'eccezionale possibilità di evitare farmaci colpevoli di stordire la mente per sedare il dolore.

Il problema è che queste fantomatiche anestesie senza anestetico non sono mai state effettuate sotto la supervisione di medici *super partes*; si tratta di aneddoti, racconti affidati al passaparola, e le poche possibilità che sono state offerte di assistere (per modo di dire) alle anestesie con l'agopuntura sono proprio le riprese video, che in realtà mostrano qualcosa di diverso. Molte di esse sembrano dei veri e propri falsi.

In un video (che ho visionato personalmente) si assiste all'esecuzione di un taglio cesareo su una donna sveglia, con alcuni lunghi aghi infilati nell'addome. La paziente, pur avendo gli occhi aperti, appare stordita e durante l'intervento le riprese si concentrano sulla parte operata trascurando le sue condizioni generali. Dopo l'intervento si rivede il volto della donna, che sembra frastornata e poco vigile.

Queste «false anestesie» con agopuntura sono un esempio di «propaganda culturale» molto in voga in Cina. In certi paesi esaltare i risultati scientifici e provocare negli osservatori occidentali moti di ammirazione e curiosità è quasi una ragione di vita. Non per niente il regime cinese proibisce la pubblicazione di studi scientifici nei quali sia raccontato un fallimento. In Cina sarete informati dei risultati positivi in qualsiasi campo, ma mai di quelli negativi: sarebbe dannoso per un paese che fa della produttività, del successo personale e dell'esaltazione del lavoro una bandiera.[2]

L'agopuntura non fa eccezione.

Se il governo non incoraggia questa disciplina, la popolazione benestante non la utilizza considerandola «roba da poveri» e non esiste né progresso né ricerca mancando una base teorica ragionevole, l'unico modo per sfruttarla è farne propaganda: pubblicizzarla come una pratica storica di alto valore culturale (nel 2010 l'Unesco ha dichiarato l'agopuntura e la moxibustione patrimonio culturale dell'umanità) per ammantarla di un'aura scientifica che invece di scientifico ha ben poco.

Gli studi scientifici

Esistono diversi studi che hanno misurato gli effetti degli aghi conficcati nella pelle. Il risultato è abbastanza scontato:

---

2 A. Vickers, N. Goyal, R. Harland, R. Rees, *Do Certain Countries Produce Only Positive Results? A Systematic Review of Controlled Trials*, «Controlled Clinical Trials», aprile 1998.

è un placebo. Se vogliamo essere ottimisti è forse qualcosa di più, ma molto poco.

Le obiezioni degli agopuntori a questa affermazione si basano quasi tutte sul fatto che il trattamento con agopuntura è stato capace di modificare persino dei parametri clinici, ad esempio sanguigni, ma questa osservazione è poco utile in quanto ricerche mirate hanno dimostrato come anche il placebo sia in grado di modificare i risultati degli esami ematochimici.[3]

Alcuni studi spiegano chiaramente i meccanismi che sembrano dare credito all'agopuntura. In uno di questi, ad esempio, si è visto che i trattamenti con gli aghi funzionavano meglio in chi ci credeva e molto meno in chi non aveva fede nella terapia.[4] Un altro ha evidenziato come, senza per forza seguire i meridiani, molti pazienti riferissero un lieve miglioramento dei sintomi dolorosi (non ha quindi avuto importanza inserire gli aghi dove l'agopuntura prescrive).[5] Infine un terzo studio ha mostrato che il lieve miglioramento dei sintomi dolorosi si è ottenuto sia con agopuntura «vera» sia con la *sham*, cioè l'agopuntura falsa, ovvero quella effettuata con particolari aghi retrattili che sembrano infiggersi (per non far capire al paziente che non si sta eseguendo il

---

[3] George A. Ulett, Songping Haw, *The Biology of Acupuncture*, Warren H. Green, Saint Louis 2001.

[4] K. Linde, C.M. Witt, A. Streng, W. Eidenhammer, S. Wagenpfeil, B. Brinkhaus, S.N. Willich, D. Melchart, *The Impact of Patient Expectations on Outcomes in Four Randomized Controlled Trials of Acupuncture in Patients with Chronic Pain*, «Pain», aprile 2007.

[5] A. Enblom, A. Johnsson, M. Hammar, E. Onelöv, G. Steineck, S. Börjeson, *Acupuncture Compared with Placebo Acupuncture in Radiotherapy-Induced Nausea. A Randomized Controlled Study*, «Annals of Oncology», maggio 2012.

trattamento) ma che, in realtà, non scalfiscono affatto la superficie della pelle.[6]

Riassumendo, non ha avuto importanza dove si inserivano gli aghi e nemmeno che fossero inseriti: l'agopuntura ha avuto qualche effetto su chi ci credeva e ha pensato di sottoporsi a un trattamento «medico».

Si ripete l'esperienza comune a tutte le altre pratiche non scientifiche: gli studi più accurati mostrano un effetto nullo o al massimo paragonabile a un placebo, mentre solo quelli meno precisi o addirittura scorretti evidenziano qualche effetto che arriva a essere anche notevole. Ha detto un saggio molto più acuto di me, Piero Angela: «Quando i controlli sono zero i fenomeni sono cento, quando i controlli sono cento i fenomeni sono zero».

Ma parliamo di evidenza. Se i dati, la ragione e la scienza smentiscono le pretese degli agopuntori, vediamo cosa succede agli utilizzatori di questa pratica.

Qualcosa in seguito ai trattamenti sembra migliorare: il dolore, uno dei sintomi più comuni che affliggono l'uomo. Studi sempre più raffinati hanno dimostrato che trafiggere con dei sottili aghi la pelle può stimolare la produzione di sostanze che il nostro organismo possiede naturalmente e che intervengono nella sopportazione del dolore. La sostanza principale fa parte di un gruppo che si chiama endorfine. Bucando la pelle con gli aghi si produrrebbero endorfine che hanno come effetto un'aumentata resistenza al dolore e la provocazione di un lieve stato di benessere ed euforia. Un'altra ricerca ha stabilito come anche l'adenosina (altra sostanza che interviene nel

---

6 H.H. Moffet, *Sham Acupuncture May Be as Efficacious as True Acupuncture: A Systematic Review of Clinical Trials*, «The Journal of Alternative and Complementary Medicine», marzo 2009.

controllo dei meccanismi del dolore) sia condizionata dalle punture sulla pelle.[7] È probabilmente per questo che a volte l'agopuntura sembra migliorare i sintomi dolorosi (dalla cefalea al mal di denti).

Ciò non dipende però dall'esistenza degli improbabili meridiani né dalla presenza di misteriosi equilibri energetici o dalla lotta tra il bene e il male: è un meccanismo fisiologico, naturale e conosciuto. E se può avere un senso a livello medico, non è idoneo al trattamento di tutte le malattie, in tutti i soggetti e indiscriminatamente.

Provate a darvi una martellata su un dito.

Okay, no, non ci provate, ma immaginatelo. Se avete una spalla che vi duole o un lieve mal di testa, il dolore provocato dalla martellata sul dito farà probabilmente passare (letteralmente in secondo piano) il malessere precedente.

È un meccanismo abbastanza frequente ed è definito «distrazione»: il nostro cervello tende a concentrarsi su ciò che ci infastidisce maggiormente. Anche questo principio potrebbe spiegare quindi alcuni effetti dell'inserimento di aghi sul dolore.

Una tecnica simile si usa in alcuni ospedali per ridurre i dolori del parto: si infiltra la schiena, in zona lombare, con un piccolo quantitativo di soluzione salina, sostanza che provoca un lieve ma continuo bruciore. Avvertire questo fastidio diminuisce in parte la percezione del dolore principale, quello dovuto alle contrazioni dell'utero.

---

7 N. Goldman, M. Chen, T. Fujita, Q. Xu, W. Peng, W. Liu, T.K. Jensen, Y. Pei, F. Wang, X. Han, J.F. Chen, J. Schnermann, T. Takano, L. Bekar, K. Tieu, M. Nedergaard, *Adenosine A1 Receptors Mediate Local Anti-Nociceptive Effects of Acupuncture*, «Nature Neuroscience», luglio 2010.

Tante varianti... ma il risultato non cambia

Esistono molte varianti dell'agopuntura tradizionale con gli aghi. Alcuni utilizzano piccole scosse elettriche, altri delle coppe di vetro all'interno delle quali si ottiene il vuoto con una fiamma per utilizzarle come una sorta di ventosa sulla schiena dei pazienti (si chiama «coppettazione»), altri ancora usano delle varianti degli aghi.

Come abbiamo già accennato, un metodo molto conosciuto per permettere ai feti podalici (cioè quelli che sono posti con la testa verso l'alto, posizione sfavorevole per il parto) di girarsi e mettersi a «testa in giù» è la cosiddetta moxibustione. Risultati scientificamente provati? Zero. Nulla, nessuno. Eppure si usa in molti ospedali nel mondo. È probabilmente un modo per dare speranza alla partoriente, che rischia di dover essere sottoposta a un taglio cesareo perché la posizione podalica aumenta i rischi del parto.

Quando non succede nulla (nel 90 per cento dei casi), ci abbiamo provato, pazienza, ma se il bimbo si gira per i fatti suoi è il risultato eccezionale ed evidente della moxibustione. Ogni risultato che appoggia la nostra teoria è meritevole di considerazione, quelli che la contraddicono sono sminuiti o negati.

Una forma particolare di agopuntura è la «riflessologia», che utilizza la pressione delle dita al posto degli aghi. Premendo nei punti di agopuntura si otterrebbero risultati sovrapponibili a quelli dati dall'inserimento di aghi. Esiste così il punto utile a far sparire il mal di denti, quello per il mal di testa, per il vomito e così via.

In linea di massima l'agopuntura e le sue varianti sono pratiche tanto inefficaci per la maggioranza dei disturbi quanto inoffensive. Ci sono però dei pericoli. Sono segnalati casi di grave infezione da aghi non sterilizzati, addirittura un episodio di infiltrazione di aria nella cavità addominale per la perforazione toracica causata da un ago; insomma, tutta una serie di effetti collaterali importanti.

Bisogna inoltre porre l'accento sul possibile ritardo diagnostico e terapeutico che può essere rischioso in caso di malattie gravi, e di un danno economico ingiustificato. Per questo motivo, l'uso dell'agopuntura potrebbe essere permesso solo per piccole patologie dolorose, se praticata da personale qualificato e affidabile e sempre sotto stretto controllo medico.

Anche l'agopuntura, come l'omeopatia, è una pratica permessa dalla legge e che può essere eseguita solo da laureati in Medicina abilitati alla professione. Questo apparente controsenso (come può, un medico, affidarsi a un metodo non scientifico?) ha in realtà una sua logica: sfruttare l'effetto placebo in tutte quelle malattie che non hanno bisogno di vere cure. Certi stati ansiosi, alcune forme di disturbi intestinali, determinati tipi di mal di testa o dermatiti non hanno una base «fisica» ma psicologica, e sottoporsi a pratiche che sembrano potenti e curative può risolvere una certa percentuale di casi, evitando così l'uso di farmaci inutili. Affidarsi in simili episodi a un medico che sa distinguere il disturbo psicosomatico da quello fisico può rappresentare una scelta di sicurezza e affidabilità; non per niente, come concetto generale, omeopatia e agopuntura sono utilizzate per migliorare patologie banali o poco preoccupanti, ma c'è sempre qualche eccezione.

Bisogna notare che le pratiche alternative nascono da un errore di metodo o da una vera e propria leggenda. C'è qualcosa che tutte hanno in comune: inventare un'origine geniale e misteriosa per essere vendute come «antiche e sagge». Sono storie che colpiscono, fanno sognare e immaginare vecchi sapienti che con la loro genialità regalavano idee eterne al mondo. Per sostenere la loro validità queste terapie fanno ricorso a trucchi, piccole trappole logiche, fallacie e sottigliezze dialettiche. Giocano sporco, in fondo.

Se si trattasse di pratiche riguardanti aspetti poco importanti della nostra vita potremmo pure divertirci a smascherare i trucchetti utilizzati, sarebbe divertente e rappresenterebbe un interessante passatempo. Il problema è che si parla di salute, e in questo campo la disonestà è deprecabile almeno sul piano morale. Oltretutto lo stesso comportamento viene adottato per sostenere approcci non scientifici praticamente in qualsiasi settore della medicina, persino in odontoiatria.

La vita tra i denti: la dentosofia

Le visite odontoiatriche per la cura e il controllo dei denti dovrebbero essere una regola, soprattutto per i bambini: individuare errori di occlusione o difetti di dentatura potrebbe influire positivamente sulla loro salute da adulti.

Fu proprio in occasione di una visita ai denti per mio figlio che scoprii una pratica assolutamente sorprendente, nata con la pubblicazione di un libro di Michel Montaud. Questo dentista francese racconta una serie di episodi della sua vita, che lo portarono a diffondere un metodo grazie al quale è diventato in breve tempo un guru mondiale.[8]

Il libro comincia con una storia di famiglia: suo figlio non dormiva bene, faceva incubi e piangeva tutte le notti. Montaud se ne faceva una colpa, il suo lavoro lo teneva sempre lontano da casa, lo stress e le responsabilità lo rendevano nervoso e assente. Il bambino, che aveva anche un

[8] Michel Montaud, *Denti e salute*, Aam Terra Nuova Edizioni, Firenze 2009.

problema odontoiatrico (denti in eccesso e non allineati), continuò mese dopo mese con le sue crisi fino a presentare vere e proprie convulsioni notturne.

Montaud sentì parlare un omeopata di un rimedio «dolce» per sistemare i denti: l'«attivatore», un morso in lattice (simile al «bite» usato per risolvere il bruxismo, l'abitudine a digrignare i denti durante il sonno, ma che con questo non ha nulla a che vedere) grazie al quale avrebbe risolto il problema odontoiatrico del figlio senza estrazioni, dolori o interventi invasivi.

Dopo una settimana il bambino non ha più incubi, dorme benissimo e si sente sempre più in forma. Il padre è felicissimo, in pochi mesi ogni disturbo è svanito e il dottor Montaud entra in una sorta di «estasi» (lui la definisce così) in cui capisce che non hanno importanza le prove scientifiche: pur ammettendo che non vi sia alcuna ragione perché quell'apparecchio in gomma funzioni, ha funzionato. A lui basta questo. Inizia quindi a proporre lo stesso attivatore ad altri suoi conoscenti, poi a dei pazienti e su tutti i risultati sono strabilianti: problemi ai denti risolti, malesseri passati, vita in famiglia perfetta, guarigione da svariate malattie e tutto fila liscio. Sembra la scoperta della panacea di tutti i mali.

Nel libro sono inserite diverse foto del «prima e dopo» la cura miracolosa, alcune testimonianze (di risultati odontoiatrici ma non solo) eclatanti, ma nessun riferimento scientifico, nemmeno ipotetico. Tutto si basa (e lo sottolinea lo stesso autore) sulla sua intuizione, che non è stata neppure provata in maniera sistematica; in poche parole per lui è tutto vero e gli basta così.

A quanto pare la pratica si è diffusa. Sono tanti i dentisti che utilizzano questo attivatore e sostengono che i denti possano rappresentare qualcosa di più di un semplice «osso» dedicato alla masticazione. Per fare un esempio, nel libro si legge: «Avere una dentatura completa ed efficiente significa poter masticare ciò che abbiamo prima deciso di far entrare nella bocca, essere certi di poterlo ridurre e trasformare. Proprio come avviene nel processo di mentalizzazione, quando elementi appartenenti al Pensiero Inconscio vengono via via trasformati dalla "bocca"».[9]

Non si discute cioè di postura o masticazione corretta (concetti conosciuti in odontoiatria e da tempo), ma di concetti filosofici e psicologici collegati alla masticazione, la trasformazione del cibo come trasformazione dell'inconscio: in campo odontoiatrico sono balle.

Questa è la «dentosofia». Ogni dente corrisponderebbe a un evento, un rapporto umano, un organo. La dentatura perderebbe quel significato anatomico di apparato che ci consente di masticare e predigerire i cibi e ne acquisterebbe uno molto più profondo (ma illogico e mai dimostrato) con un legame strettissimo con il vissuto dell'individuo.

Montaud oggi organizza corsi per dentisti e conferenze. La maggioranza dei dentosofisti pratica anche omeopatia, agopuntura e altre medicine pseudoscientifiche, definendosi spesso dentisti «olistici» o «naturali» (odio queste etichette senza senso... come se gli altri odontoiatri fossero «innaturali» o «artificiali»!). Per capire lo spessore scientifico di uno di questi «medici naturali», basti pensare che secondo lui è dannoso eseguire alcune cure dentali durante particolari fasi lunari. Bisogna inoltre fare attenzione al segno zodiacale: nei giorni dell'Ariete e del Toro pensare ai denti sarebbe un problema.

Ma questo metodo, deliri psicofilosofici a parte, ha un fondamento pratico? Non è stato mai realizzato uno studio che misurasse la sua efficacia, nemmeno da chi l'ha inventato

---

9 *Ibid.*

o lo diffonde. In pratica si tratta di un morso di caucciù che «costringe» chi lo indossa nel sonno a respirare con il naso (la bocca è otturata dall'apparecchio). Questo comportamento potrebbe migliorare alcuni difetti di occlusione e persino certe anomalie dei denti derivanti proprio dalla cattiva abitudine (che a volte nasconde altri problemi, specie otorinolaringoiatrici) di respirare con la bocca durante il sonno.

Se il problema fosse questo, il «trucchetto» dell'apparecchio potrebbe avere qualche senso. Ma non vi è alcun legame con il vissuto dell'individuo, con la sua vita personale, famigliare o lavorativa; simili storie sono solo una cortina fumogena per vendere un semplice aggeggio di gomma (la cui produzione costa pochi centesimi di euro ma è in vendita ad alcune centinaia degli stessi) e prendere in giro i pazienti.

I clienti non mancano. Se da un lato esistono alcuni che si fidano del proprio dentista un po' furbetto e un po' «olistico» e quindi accettano l'attivatore come se fosse un normale presidio medico, altri si lanciano a capofitto in queste pratiche «paranormali»: appena sentono parlare di «odontoiatria psicoemozionale» o «attivatore energetico», trovano letteralmente pane per i loro denti (e per le loro credenze) e corrono a comprare l'apparecchio per le più svariate esigenze (anche se non hanno alcun problema, né ai denti né psicologico).

Le teorie del dentista francese lasciano intendere che le malattie non sono «nemiche» ma «colpa» di chi le ha: quando ti rendi conto delle colpe e le espii, guarisci. Se non guarisce, è lo stesso malato che non ha saputo comprendere il suo problema o non ha applicato alla lettera i suggerimenti del terapeuta. Orribile. Scaricare sul malato le responsabilità della malattia è quanto di peggio possa fare un medico: se si ammala la colpa è del paziente, se non guarisce anche, ma se guarisce il merito è del «terapeuta».

Non credo siano necessari altri commenti sull'argomento, ma mi pareva interessante perché tocca un campo che sembra abbia poco a che fare con l'«olistico» o l'alternativo: l'odontoiatria. La dentosofia può essere considerata come un modo esotico per spillare soldi agli sprovveduti. Nessun motivo per preferirla ad altri metodi, nessuno studio, nessun beneficio dimostrato, nessuna plausibilità: perché quindi spendere soldi per questa pseudoscienza? Perché, al solito, «è bello» pensare che, migliorando i denti con un semplice apparecchietto di gomma, miglioreremmo noi stessi. Ma non è così, anzi, è assolutamente il contrario: migliorando noi stessi (le abitudini igieniche, alimentari, gli eccessi), miglioreremo anche la dentatura.

Così, anche in questo caso, è valido un consiglio che serve sempre: quando andate dall'odontoiatra fate domande, chiedete chiarimenti. Se è preparato e aggiornato saprà rispondere a qualsiasi curiosità o richiesta. Se inizia a usare parole quali «energie», «attivatori», «olistico», chiudete la bocca (nel vero senso della parola) e scappate.

L'iridologia

Tra le pratiche alternative più classiche e conosciute, una si pregia di poter scoprire le malattie di un individuo semplicemente analizzando l'iride.

L'iride è quella zona circolare colorata che tutti abbiamo nell'occhio, attorno alla pupilla. Essa determina il «colore degli occhi» di ognuno di noi; ma soprattutto regola, contraendosi o dilatandosi, la quantità di luce che raggiunge la retina. Può essere colorata in modo molto vario, scurissima o chiarissima, e il suo colore, come tutte le sue caratteristiche, è determinato geneticamente.

Chi pratica questo metodo «diagnostico» si fa chiamare «iridologo».

I primi cenni di pratiche simili all'iridologia si ebbero alla fine del 1600 mentre la diffusione più recente risale agli anni Cinquanta. Sull'origine di questa strana pratica non ci sono molte sicurezze. La teoria più accreditata vuole l'iridologia scoperta dall'ungherese Ignátz von Péczely, che nel XIX secolo riferì di aver avuto questa geniale intuizione: vedendo una macchia scura sull'iride di qualcuno che stava per essere operato per una frattura a una gamba, ricordò di averne vista una uguale in un'altra persona che aveva subito anch'essa una frattura all'arto inferiore.

Negli anni la pratica si è arricchita di nuove correnti, si è evoluta con varie interpretazioni, modifiche e revisioni, ma il principio di fondo è rimasto lo stesso. In base al colore dell'iride e alle sue sfumature, al suo aspetto, alle anomalie, alle macchie presenti in questa corona colorata, l'iridologo saprebbe identificare qualsiasi disturbo colpisca un organo del nostro corpo.

L'iride, per chi pratica questa sorta di «lettura dell'occhio», è suddivisa in quadranti e in zone concentriche (circolari) e ognuna di queste corrisponde a un dato organo: ad esempio, le parti più alte dell'iride sono collegate agli organi situati più in alto nel corpo (in sostanza: la testa nei quadranti superiori e i piedi in quelli inferiori). Una zona «scolorita» viene chiamata «lacuna».

Esistono diverse «mappe» per lo studio dell'iride e la più famosa è quella di Bernard Jensen, il più celebre iridologista americano (deceduto nel 2001), che propagandava con sicurezza ed entusiasmo la sua pratica. Affermava infatti: «La natura ci ha creati con un televisore in miniatura che ci mostra le zone più remote del corpo per mezzo delle risposte riflesse dai nervi. [...] L'iridologia offre molte più informazioni sullo stato del corpo di quanto faccia la visita con la medicina occidentale».[10] In realtà nell'occhio non esistono «risposte riflesse dai nervi» nel senso che gli dà Jensen, né anatomicamente esiste un collegamento tra un organo e l'iride. I riflessi oculari sono noti (ad esempio, una fonte di luce fa contrarre i muscoli attorno all'iride determinando un restringimento della pupilla) e i fenomeni che li regolano sono ben conosciuti dai fisiologi; non esistono zone dell'iride che abbiano una qualsiasi corrispondenza diretta con parti del resto del corpo umano.

Anche le «mappe» non hanno nessuna base scientifica: non è mai stata dimostrata la loro funzione nella diagnosi di malattie e soprattutto sono assolutamente arbitrari i presunti collegamenti tra malattia e modificazione dell'iride. Segnalare cioè che una zona corrisponda al cuore piuttosto che allo stomaco è un'invenzione, né più né meno, una sorta di oroscopo dell'organismo con i quadranti dell'iride a sostituire gli astri.

Per l'iridologo esistono iridi differenti per le particolari tipologie di costituzione dell'organismo e l'aspetto dell'occhio dipende anche dalla personalità del suo «proprietario». Per l'analisi dell'iride sono utilizzati specchi, luci o ingranditori ma non manca chi procede a occhio nudo.

Naturalmente bisogna distinguere questo tipo di pratica dal controllo oculare che può rivelare segni tipici di alcune malattie, nel caso di problemi agli occhi: ad esempio, anche l'iride può avere un aspetto particolare, e con certe patologie del fegato la sclera (che è un'altra zona dell'occhio) può presentare una colorazione alterata. Questo è bagaglio della medicina.

---

[10] Per un approfondimento si veda il sito: www.quackwatch.com /01QuackeryRelatedTopics/iridology.

Scopo dell'iridologia invece è tutt'altro. Basata su teorie mai dimostrate, viene smentita dalla logica oltre che dall'anatomia: non vi sono connessioni nervose o fisiche tra tutti gli organi e l'iride, non esiste un motivo per pensare che qualsiasi malattia dia segni evidenti a carico dell'iride e soprattutto non è stato mai dimostrato che qualcuno potesse diagnosticare un problema di salute esaminando solo quella zona dell'occhio.

La maggioranza degli iridologi non sono medici (non serve esserlo per praticare un metodo come questo) ma moltissimi dottori «alternativi» uniscono a rimedi come l'omeopatia e l'agopuntura anche l'iridologia. Qualcuno esibisce «diplomi» da iridologo, ma questi non hanno alcun valore accademico e sono rilasciati dalle centinaia di scuole «naturopatiche» private, che si trovano in tutte le nazioni: diplomifici inutili e senza alcun merito scientifico.

Si tratta di solito dei medici alternativi più convinti, quelli che usano etichette come «medicina olistica» o «medicina bioenergetica», termini pomposi che non hanno nessun significato medico. Gente che trova nell'iridologia un sistema esotico e particolare per richiamare clienti. Il fenomeno non ha mai assunto dimensioni preoccupanti, ma non è difficile immaginare che pericolo potrebbe rappresentare se le persone pensassero veramente di poter ricevere una diagnosi dall'analisi dell'iride.

La scienza ha provato a studiare il fenomeno. In una ricerca del 1979, furono scattate foto degli occhi di 143 pazienti, dei quali 48 avevano una patologia al fegato evidenziata dagli esami del sangue e 95 erano assolutamente sani. Furono messi alla prova tre iridologi che non solo non riuscirono a individuare il problema al fegato in chi lo aveva, ma lo diagnosticarono a chi ne era privo. I loro giudizi inoltre erano spesso in disaccordo: chi era malato per uno, non lo era per l'altro. In pratica tiravano a indovinare (sbagliando, oltretutto).

L'iridologia negli anni conobbe un lento e progressivo declino, ma la globalizzazione era alle porte. Negli anni Ottanta vi fu un picco di successo in quanto una trasmissione televisiva americana ospitò un iridologo che sembrava azzeccare tutte le diagnosi (si trattava probabilmente di un semplice gioco di prestigio: uso di complici e trucchi simili) e così vi fu un ritorno della moda di quel bizzarro metodo.

Parallelamente all'aumentare di «esperti di iridologia», si assistette a un intensificarsi degli studi in proposito; in certi paesi la pratica era piuttosto comune, e oltre agli Stati Uniti, anche l'Europa accolse gli iridologi, che furono addirittura proposti come primo screening per malattie gravi (ad esempio il cancro) in alcuni paesi dell'Europa del Nord.

Nel 1998 un'altra ricerca stroncò l'uso dell'analisi dell'iride nella diagnosi di malattie. Furono testati cinque iridologi «esperti» che non superarono la prova: non riuscivano a diagnosticare in maniera significativa una malattia.

Esistono però delle testimonianze di persone che affermano di aver ricevuto una corretta diagnosi in seguito a un controllo iridologico. È possibile, esattamente come esiste gente secondo cui gli oroscopi indovinano spesso il destino. Il meccanismo è assolutamente normale: su 100 diagnosi tramite iridologia, se 99 persone ne ricevono una sbagliata tenderanno a dimenticare presto l'episodio, mentre l'unica che riceve quella giusta sarà portata a ricordarlo benissimo e a parlare in maniera entusiastica di quanto accaduto. È un fenomeno comunissimo che si ripete in molti ambiti (anche nella superstizione). Come ha detto nel 2000 Edzard Ernst, professore di medicine alternative in Inghilterra, l'iridologia ha due effetti collaterali principali: la perdita di tempo e di denaro.

Se utilizzata come curiosità in fiere e luna park, ha anche un suo fascino un po' «stregonesco», ma dal punto di vista medico è una pratica del tutto inutile e potenzialmente pericolosa. Occhio... ai furbi quindi.

Medicine esotiche e guaritori

Imbonitori e truffatori

L'uso dell'illusionismo nelle medicine alternative nasce nella notte dei tempi. Gli stregoni, i guaritori primitivi e i santoni (anche quelli di oggi) utilizzano a piene mani dei trucchi che sono vere e proprie prove di abilità. Esisteva un santone indiano (dal nome esotico, Sai Baba) che con l'uso di giochi di prestigio faceva materializzare nelle sue mani polvere sacra, gioielli e denaro: ha creato un vero e proprio impero economico e alle sue riunioni presenziavano migliaia di fedeli adoranti. Molti di loro probabilmente sapevano benissimo di essere vittima di illusioni ma si lasciavano affascinare dalla messinscena.

È piacevole e tranquillizzante farsi cullare dal sogno proibito della vita eterna, immaginare di essere risanati dal tocco divino. Credere nell'«energia cosmica» o nella «forza spirituale» tipiche delle ciarlatanerie è molto più comodo dell'essere razionale, scettico o dell'accendere il cervello mostrando capacità critica.

Ciò che mi ha stupito maggiormente in questi anni di approfondimento delle medicine alternative è che quanto pensavo di esse era quasi del tutto sbagliato. I «guaritori» si servono spesso di testimoni che, di persona o in video, raccontano la storia del loro risanamento miracoloso, di solito con riferimenti a cartelle cliniche, documenti ed esami strumentali.

Io ero convinto che i «miracolati» fossero per la maggior parte persone fortunate: parte dei rarissimi casi di individui guariti autonomamente da una malattia. La regressione spontanea di patologie gravi come il cancro è un fenomeno noto ed entro certi limiti misurato. Vi sono diverse stime, ma sembra che in un caso su sessantamila si possa avere la scomparsa anche totale di un tumore maligno. La mia opinione di allora era che il guaritore sfruttasse un paio di eventi fortunati usandoli per farsi pubblicità, nascondendo i risultati negativi che erano la grande maggioranza.

Approfondendo l'argomento ho conosciuto invece un'altra realtà. Nessuna guarigione spontanea né miracolo: le testimonianze sono quasi sempre false (molte volte date in malafede) e le documentazioni cliniche sono incomplete o manipolate.

L'uso di trucchi e manipolazioni della realtà, dunque, non è un fenomeno nuovo o sconosciuto: imbonitori e imbroglioni ne fanno larghissimo uso. Per questo motivo la nozione fondamentale nello studio delle medicine alternative è l'accurata analisi del caso, lo studio della documentazione e l'attenzione ai particolari: si scoprirà quasi sempre che vi è una manipolazione, un trucco.

Uno dei campi nei quali si ricorre a vero e proprio illusionismo è quello della «cura» attraverso presunti poteri personali o sovrannaturali.

La pranoterapia

Negli Stati Uniti è conosciuta meglio come «guarigione psichica» o «pranica», da noi si chiama «pranoterapia»:

è forse una delle forme più antiche di «guarigione» non scientifica.

Un tipo particolare di pranoterapia è quella che si è diffusa attorno agli anni Ottanta a opera di ciarlatani provenienti soprattutto dai paesi asiatici. Il «guaritore filippino» è diventato quasi un sinonimo di ciarlatano e imbroglione; egli di solito unisce alla guarigione psichica una forma molto teatrale di «intervento», mostrandosi capace di estrarre dal corpo della persona malata che si sottopone alle sue cure pezzi di carne, frammenti sanguinolenti che suscitano sorpresa e un po' di ribrezzo e rappresentano «il male» estirpato dal corpo del paziente.

Prima dell'intervento l'uomo prepara un piccolo sacchetto che nasconde in una mano chiusa a pugno; lì dentro ci sono frattaglie di animale, sangue liquido e coagulato, tutto il necessario insomma per inscenare lo spettacolo. Quando giunge il momento di compiere l'illusione, il sacchetto viene spaccato (con le unghie, ad esempio, o con una pressione sul palmo della mano) e le frattaglie fuoriescono assieme al sangue. Il guaritore può così estrarre ritmicamente i vari pezzi organici e mostrare agli spettatori di «operare senza tagliare»: tenendo le dita delle mani piegate e ben schiacciate contro l'addome, si ha la netta percezione che queste penetrino nel malato (o meglio, nel malcapitato). Un trucco bello e buono.

Il pranoterapeuta afferma che tramite particolari e personali energie è capace di guarire chi gli si rivolge dalle più svariate patologie. Tali presunte energie proverrebbero dalle fonti più disparate, a seconda della «formazione» del guaritore, che spesso ha una forte componente mistica e religiosa. Così a volte l'energia è fornita da «Dio», altre dai «santi», in alcuni casi vengono definite forze «cosmiche» oppure dichiarano di averle ereditate da fantomatici maestri di vita.

Queste energie sono chiamate «prana» (da qui il nome del guaritore) e sono emesse di solito dalle mani dell'operatore. Il pranoterapeuta così impone le mani sul corpo del paziente, le passa sopra l'organo malato o a volte solo sopra la testa (spesso considerata la sede di tutte le malattie) per qualche minuto e in certi casi pronuncia formule magiche o procede a veri e propri riti ricchi di misticismo. La «completa guarigione» in genere prevede varie sedute (a pagamento, naturalmente) che si svolgono in case e ambulatori privati.

In realtà non credo sia così importante porre l'accento sul fatto che la pranoterapia non abbia alcun fondamento scientifico né vi sia alcuna prova della sua efficacia. Si tratta di una delle pratiche più arcaiche che l'uomo conosca. Il «potere» nelle mani da parte di prescelti o inviati di Dio è una caratteristica presente in tutte le culture primitive: la figura del guaritore, il *curandero*, lo stregone del villaggio, così come il concetto dell'«estrazione del male», sopravvivono ancora presso popolazioni tribali. Così anche nella società occidentale troviamo guaritori che «estirpano» le malattie (come le cefalee) compiendo veri e propri riti tra il sacro e il profano.

Esistono, strano a dirsi, anche alcuni (rari) studi che hanno provato a misurare gli effetti del pranoterapeuta sul fisico umano: è risultato che essi non sono misurabili ma soggettivi (dovuti plausibilmente a un effetto placebo). Ciò significa che, mentre il «paziente» riferisce un miglioramento dei sintomi (spesso dei dolori), una misurazione clinica (cioè mediante gli strumenti diagnostici) non ha evidenziato nessun cambiamento rispetto alle condizioni iniziali.

Si è anche ipotizzato (teoria poi smentita) che il calore delle mani del pranoterapeuta (calore fisiologico che emettiamo tutti da ogni parte del nostro corpo, nulla di «paranormale») potesse migliorare alcuni sintomi dolorosi o ortopedici come il disturbo a un'articolazione. In questo caso si sarebbe trattato della simulazione in piccolo della terapia con il calore, spesso utilizzata anche dalla medicina per migliorare i sintomi di alcune patologie osteoarticolari.

Ma vi è un lato «oscuro» della pranoterapia. Sono molti i casi di pranoterapeuti saliti alla ribalta della cronaca perché tra una seduta e l'altra approfittavano psicologicamente o fisicamente delle proprie assistite. Veri e propri plagi mentali o violenze fisiche e sessuali culminati con la denuncia da parte della paziente e la condanna del presunto guaritore.

Il Reiki

Una forma di pranoterapia molto esotica e *cool* è il Reiki. Si tratta di una pratica che in tanti ritengono di antica origine orientale, ricca di tradizione e successi. In realtà tutta la tradizione del Reiki si riduce alla leggenda che diffuse questa sorta di massaggio rilassante attorno al 1920 (e qui l'aria di rimedio secolare si è già abbondantemente dissolta).

Narra la tradizione che il maestro giapponese Mikao Usui («padre» del Reiki) dovesse rispondere alle domande di alcuni suoi allievi circa i miracoli di Gesù Cristo. Si recò dunque a meditare in completo digiuno sulle montagne, per ventuno giorni, finché una luce abbagliante lo colpì sulla fronte rivelandogli le risposte alle sue domande e donandogli poteri straordinari. Egli compì immediatamente dei miracoli.

Eccoli: guarì con la sola imposizione della sua mano una ferita che si era procurato al piede scendendo dai monti verso il primo paese sulla strada del ritorno. Poi si rifugiò in una locanda dove divorò intere portate di cibo senza particolari disturbi nonostante il prolungato digiuno, e infine fece sparire il mal di denti alla figlia del locandiere.

Questi sono i primi tre miracoli del Reiki, tutto si riduce a questo. Non c'è altro, nessuna tradizione medica né popolare, nessuna medicina tradizionale: la pratica nasce da un racconto leggendario e fantasioso. Non vi sto raccontando frottole. Il massaggio «curativo» tanto praticato in ambienti New Age e da «casalinghe disperate» nasce proprio così, da tre banali e a dir poco curiosi «miracoli».

Da quel momento il Reiki si è diffuso nel mondo tramite la proliferazione di numerose «scuole», che in cambio di un congruo pagamento preparano i futuri operatori portandoli a raggiungere il terzo livello Reiki, quello che permette di influire sulle persone, le cose e tutto ciò che ci circonda. Anche questa pratica fa largo uso di un termine come «squilibrio energetico», tanto caro ad altre usanze ciarlatanesche.

Il Reiki è una sorta di massaggio manuale (talvolta eseguito a distanza, senza contatto) che permetterebbe di guarire svariate patologie. Le mani dell'operatore si muovono sul corpo del paziente, mimando una sorta di gesto che sembra «spingere» l'energia (mai chiarito di che tipo) da un punto all'altro; inoltre sono concessi anche alcuni massaggi veri e propri.

Negli anni il «rituale» si è arricchito di concetti e termini nuovi e misteriosi: avete mai sentito parlare dei «chakra»?

I chakra sono centri di forza (immaginari) del corpo che regolerebbero ogni nostra attività, fisica e spirituale. C'è quello del pancreas come quello del cuore, e ognuno di essi ha uno scopo e una funzione specifici. I chakra in realtà non corrispondono a punti anatomici descrivibili, sono inventati, esattamente come i meridiani dell'agopuntura. La stimolazione di questi chakra influirebbe sul decorso di tutte le malattie e su ogni nostra azione, persino sulla possibilità di parcheggiare un'auto o su quella di evitare un incidente.

Il concetto è talmente diffuso (diverse pratiche alternative lo utilizzano) che quando rivelo che non esistono, la gente ci resta male e non sempre si convince. Vi esorto quindi a farvi mostrare un chakra, a farvi fornire una foto, un esame, una lastra di un chakra. Vi renderete presto conto che non è possibile. Voi credete ai fantasmi? Ecco, i chakra hanno la stessa credibilità degli spiriti notturni: elementi di una leggenda, ripresi a uso e consumo delle moderne pratiche alternative. Nello specifico, l'idea dei chakra fu adottata nella pratica del Reiki attorno agli anni Ottanta.

Clinicamente il Reiki non è altro che un massaggio rilassante, utile al massimo a sciogliere qualche muscolo un po' contratto o a svagare la mente. Gli studi sui suoi effetti non hanno mostrato alcun beneficio particolare. Forse non tutti sanno che per legge in Italia vi sono delle medicine alternative (cioè non scientificamente provate) che possono essere somministrate con un unico requisito, ovvero che a farlo sia un medico. Questo vale anche per l'ayurveda, una medicina di origine orientale che si basa su testi di circa duemila anni fa e che parte da un concetto: il corpo è unito alla mente e all'universo da una «forza vitale». Uno squilibrio di questa forza (chiamata «*dosha*», di cui ogni individuo ne possiede forme differenti) determina le malattie. Per curarle bisogna riequilibrare queste forze con l'aiuto di erbe, minerali, massaggi ed esercizi fisici e di respirazione (simili a quelli dello yoga).

Le prove scientifiche che hanno studiato i risultati di questa pratica non sono conclusive e lasciano sospettare un forte effetto placebo; non sono conosciuti comunque casi di malattie importanti guarite solo grazie all'ayurveda. Sono segnalati al contrario diversi episodi di intossicazione, avvelenamento, allergia e reazione avversa alle erbe e ai minerali somministrati. Per questo motivo l'ayurveda è più da considerare una «filosofia di vita» che una medicina che cura il corpo e bisogna affidarsi solo a operatori esperti e autorizzati (medici). Il rischio principale infatti, oltre a quello di non avere alcun risultato positivo, è di restare danneggiati.

Il fascino di queste pratiche orientaleggianti, presentate come antiche e derivanti dalla saggezza di santoni o vecchi maestri, è apprezzatissimo in certi ambienti e probabilmente verrebbe meno se le stesse persone che ne restano affascinate conoscessero meglio la loro storia: quella di medicine che medicine non sono e che in realtà non curano nulla.

Naturale a ogni costo

L'idea di un rimedio popolare, derivante da antiche conoscenze e «artigianale», è molto apprezzata. Curarsi con qualcosa di diverso dalla «roba chimica» che vendono in farmacia è un gesto vissuto quasi come moto di ribellione a un progresso che macina tutti, uniforma gli individui e li tratta come numeri. Per questo anche il rimedio più improbabile ma venduto come «fatto in casa» o «semplice e innocuo» non ha bisogno di importanti prove scientifiche di efficacia per avere successo: risulta irresistibile per chi cerca una «nuova» medicina.

L'uomo ha sempre tentato in tutti i modi di sconfiggere le malattie, di cui spesso non conosceva nemmeno la causa. Era quasi sempre la saggezza popolare, a volte sostituita da spregiudicati guaritori, a fornire i consigli per curare una o l'altra patologia.

Così, estratti di piante, decotti, pozioni, metalli e polveri di vari minerali erano gli unici rimedi per la cura delle malattie batteriche. Le teorie che stavano alla base di simili pozioni erano di solito legate a superstizioni. L'alcol, ad esempio, era utilizzato per la preparazione di molti di questi intrugli: il fatto che bruciasse lasciava pensare a un effetto letale nei confronti dei «germi».

In realtà l'effetto antibatterico dell'alcol è molto meno marcato di quello di altre sostanze attualmente in commercio, ma i nostri antenati utilizzavano ciò di cui disponevano e dovevano accontentarsi di quanto si trovava in natura. È per questo che la medicina «antica» viene spesso ritenuta anche «saggia»: se qualcosa proviene dalla natura, male non può fare. Ma chi l'ha detto? Il salice e la carota sono naturali esattamente come il petrolio, il veleno di cobra e il mercurio.

Una delle scoperte più importanti per tutto il genere umano è stata quella della sostanza antibiotica chiamata penicillina, avvenuta nel 1928 a opera di Alexander Fleming. Gli antibiotici sono sostanze utilizzate per eliminare le infezioni causate da batteri e si sono rivelati fondamentali per la cura di decine di malattie, molte banali ma tante altre mortali; l'innalzamento dell'età media e del benessere della specie umana si deve in larga parte proprio a loro. L'antibiotico deriva da una muffa ma non possiamo curarci ingerendo muffe (anzi, probabilmente ci ammaleremmo facendolo): dobbiamo necessariamente trattare la sostanza naturale, processarla, concentrarla, confezionarla, assicurarci che sia pura e somministrarla con un dosaggio standard controllato, provato e soprattutto non tossico.

Per fare un altro esempio, l'acido ascorbico (ovvero la vitamina C) contenuto in un'arancia e quello pressato in una compressa sono identici e probabilmente (molto probabilmente) quello nella compressa sarà più purificato, stabile e assimilabile di quello nell'arancia; e comunque si tratta in ogni caso di sostanze identiche, l'acido ascorbico è acido ascorbico sia se si assume da un'arancia sia se si assorbe da una pillola.

Diceva Paracelso: «È la dose che fa il veleno», ed è esattamente così. Il concetto di «naturale» oggi viene spesso sfruttato fraudolentemente, a scopi commerciali, per dare un'immagine positiva e vendibile a qualche prodotto; la medicina alternativa non è diversa dalle aziende che utilizzano il termine «naturale» per colpire il consumatore e vendere di più.

Se trovaste sul banco del supermercato due confezioni di sale, una con scritto «naturale» e l'altra con la scritta «chimico, sintetizzato in laboratorio», quale acquistereste? Quello naturale è... naturale! Noi consumatori ci facciamo abbindolare dalla cattiva informazione e dalla pubblicità: le esche del marketing sono per noi dei bocconi prelibatissimi. Il sale sintetizzato in laboratorio non è né meglio né peggio di quello «naturale»: è la stessa cosa; anzi, se proprio volessimo essere pignoli, si potrebbe dire senza tema di smentita che quello sintetico (altra parola odiosa, vero?) è più puro e sicuro.

Siamo dei boccaloni, non c'è niente da fare; non per nulla il termine «naturopata» è appannaggio della ciarlataneria più classica, una parola messa lì per farci abboccare come pesciolini. Un naturopata sarebbe colui che cura con i prodotti naturali e si contrappone idealmente al medico che cura... anche lui con prodotti naturali: antibiotici, antiaritmici, vasodilatatori, sono tutte sostanze assolutamente naturali. L'acido acetilsalicilico che compone l'Aspirina® non appare dal nulla, non cade sui laboratori dopo un rito di evocazione degli dei, ma esiste in natura ed è formato da molecole naturali.

Tutto ciò viene taciuto dai venditori di illusioni e il marchio «naturale» è stato monopolizzato senza ritegno da una schiera infinita di maghi della medicina. Così erbe, minerali ed essenze fanno parte dell'armamentario del bravo ciarlatano, che sarà pure un sostenitore dei metodi naturali, ma di medicina non capisce niente. Il «lato oscuro» di tutto questo è che le pratiche alternative più fantasiose e inefficaci sono entrate a pieno titolo persino nelle nostre cliniche. Come potremmo definire, se non allarmante, il fatto che in molti ospedali pubblici esistono servizi di «medicine complementari» istituiti per occuparsi non solo del trattamento di piccoli disturbi ma anche di malattie serie?

Capofila di questa tendenza preoccupante è la Toscana, il cui consiglio regionale ha approvato all'unanimità l'introduzione di pratiche di medicina complementare nelle strutture pubbliche (quindi pagate dalla collettività). Vediamo così ospedali che offrono sedute di agopuntura per curare i dolori, la cefalea o le coliche, altri che propongono riti di «medicina tradizionale cinese», omeopatia, massaggi orientali, moxibustione e così via. Questo è un insulto alla ragione, un abuso della credulità popolare, un approfittare dei soldi pubblici per sovvenzionare cialtronerie pseudoscientifiche.

L'ospedale di Pontedera, facente parte dell'Usl 5, offre il servizio di agopuntura per «prevenire le recidive dell'endometriosi». Si tratta di una malattia (tipicamente femminile e molto diffusa) altamente invalidante che, se trascurata e non curata, espone a gravissime conseguenze, tra le quali sterilità e disturbi vescicali e intestinali; questi ultimi, negli stadi più gravi, possono richiedere la resezione intestinale (ovvero la rimozione di parte dell'intestino). Un ospedale pubblico che offre sedute di agopuntura per prevenirla è quantomeno avventato. Questo non possono saperlo tutti i cittadini i quali, leggendo di un servizio da parte di una struttura pubblica, si fidano e non si rendono conto del pericolo che possono correre affidandosi a queste pratiche stregonesche.

Agopuntura, omeopatia e massaggi orientali sono solo alcune delle pratiche vendute come «naturali» ma che in realtà sono vere e proprie invenzioni senza alcuna attendibilità medica. Tralascio il massaggio con i «martelletti fior di prugna» (nome che mi fa pensare a una nuova gustosa linea di biscotti per la colazione), un altro trattamento offerto dall'azienda sanitaria toscana per «riequilibrare le energie». Se la stessa proposta venisse da un improvvisato «naturopata» si griderebbe alla ciarlataneria, invece è un ospedale a farla e tutto torna accettabile. Tranne per chi sa di cosa si tratta.[1]

L'argento colloidale

L'immagine che stavo guardando alla televisione era davvero curiosa, sembrava un trucco o che la ripresa fosse venuta male, tanto era strano il colore di quel viso: una via di mezzo tra il grigio e il blu. Si trattava dell'ospite di una trasmissione d'intrattenimento e dopo pochi minuti dal suo ingresso in studio apparve la scritta «Paul Karason, l'uomo blu».

Quest'uomo aveva assunto per anni il liquido ottenuto con un suo procedimento casalingo che permetteva a delle piastre d'argento, tramite un fenomeno chimico detto elettrolisi, di rilasciare i loro ioni nell'acqua; il risultato era l'argento colloidale ionico. Lo aveva utilizzato senza un motivo particolare, solo per «stare meglio», e aveva avuto il più incredibile degli effetti collaterali: l'argiria.

Le proprietà «disinfettanti» dell'argento sono note dalla notte dei tempi. Gli antichi lo conoscevano come antibatterico e in effetti possiede questa proprietà, anche se blanda.

---

[1] Per verificare quanto detto si veda il sito: www.usl5.toscana.it/index.php?option=com_content&view=article&id=12022 per cento3 Ale-medicine-complementari-aziendali&catid=139&Itemid=6501.

L'argento come metallo era impiegato (anche pochi decenni addietro) come componente di protesi, soluzioni di sali d'argento venivano prescritte come terapia per disordini mentali, dipendenza da nicotina, gastroenteriti e malattie infettive, e le proteine colloidali dell'argento servivano a diminuire i sintomi dell'influenza.

Alla fine degli anni Novanta si assistette a un incremento dell'uso di argento colloidale nella cura di diverse malattie, non come farmaco (in quanto tale è stato proibito per i suoi effetti tossici nel 1975 dalla Food and Drug Administration, l'ente governativo che autorizza e controlla i prodotti per uso farmaceutico negli Stati Uniti) ma come integratore o supplemento dietetico.

Pian piano, così, l'argento colloidale diventò una «moda» di nicchia riservata ai seguaci di medicina alternativa. In particolare, negli ultimi anni queste persone cominciarono anche a fabbricarsi artigianalmente le proprie dosi, assumendo il preparato come rimedio contro certe patologie ma anche come integratore capace di prevenire tantissimi mali.

In Italia, negli ambienti «alternativi», l'argento colloidale è conosciuto con la sigla Aci (Argento colloidale ionico). La preparazione dell'Aci «fai da te» è talmente complicata (e costosa: l'apparecchio per prepararlo si compra, non lo regalano) che non si capisce perché preferirlo ad altri antibatterici (o addirittura ad antibiotici) molto meno costosi, facili da reperire ed efficaci.

Gli enti governativi americani proibirono sia la commercializzazione sia la produzione di integratori contenenti questa sostanza poiché si erano verificati diversi casi di intossicazione, con alcuni decessi, e si erano riscontrati tantissimi effetti collaterali. Uno degli integratori in vendita in America, inoltre, fu sequestrato perché nei flaconi fu rinvenuta una carica batterica pericolosamente elevata.

L'uso come antibatterico dell'argento colloidale è stato sconsigliato prima e proibito poi proprio perché sulla bilancia i rischi di effetti collaterali gravi erano reali; se si considera inoltre la tentazione di non utilizzare al suo posto antibiotici efficaci quando ce n'è bisogno, il rischio è ancora più evidente. L'effetto collaterale più temibile, non letale ma fortemente invalidante, è proprio l'argiria, cui ho accennato prima.[2]

Si tratta di una colorazione blu-grigiastra della pelle, delle mucose e degli occhi, causata dal deposito dei sali d'argento nell'organismo che lo assume. Questa colorazione è purtroppo irreversibile; non si muore, certo, ma trascorrere il resto della propria vita come un fenomeno da baraccone non deve essere piacevole.

Chi pubblicizza l'argento colloidale come rimedio sminuisce questo problema sottolineando che si tratta di casi rarissimi dipendenti dal dosaggio, ma non è proprio così: il deposito dell'argento nelle cellule umane varia da persona a persona. Alcuni studiosi hanno ipotizzato che, vista l'affinità degli ioni d'argento con le cellule del fegato, alcuni tessuti «meno nobili», come la cute e certe mucose, lo assorbano per liberarne il fegato dove, legandosi al glutatione, recherebbe danni molto importanti al metabolismo.

In ogni caso è impossibile stabilire se una persona sia più o meno predisposta a sviluppare argiria, e non è solo un problema di dosaggi o di via di somministrazione: basti pensare che esistono casi di argiria localizzata, ad esempio nell'orecchio di donne che portavano orecchini d'argento. Gli effetti sulla cute sono i più evidenti e conosciuti e sono causati dall'argento nella sua forma solubile, ma non sono

---

2 H.B. Kwon, J.H. Lee, S.H. Lee, A.Y. Lee, J.S. Choi, Y.S. Ahn, *A Case of Argyria Following Colloidal Silver Ingestion*, «Annals of Dermatology», agosto 2009.

i più gravi. Se inalati, i vapori d'argento possono causare irritazione bronchiale, bronchiti ed enfisema, diarrea, steatosi epatica, alterazioni di forma dei globuli rossi e altro.

I sintomi dipendono dalla forma dell'argento e dalla modalità di somministrazione. Quasi tutto l'argento venduto o autoprodotto per uso «terapeutico» è assunto per via orale (altre volte per aerosol) e in questi casi l'effetto più tipico è proprio l'argiria.

Una delle donne colpite da questa alterazione cutanea, Rosemary Jacobs, in seguito al consiglio del suo medico aveva curato una forma influenzale ricorrente assumendo argento colloidale sotto forma di spray nasale. Verso la metà degli anni Cinquanta diventò del tutto bluastra (alcune sue immagini si trovano sul web). La donna, fisicamente e psicologicamente prostrata, dichiarò: «Se il mio dottore avesse studiato la letteratura medica al posto della pubblicità, non sarei mai diventata come sono ora».

Per di più, la poveretta finì nelle mani di un altro «alternativo» che per risolvere il problema le propose un esperimento: una cura che prevedeva l'abrasione della cute in modo da farle sparire quella colorazione. Vi sconsiglio di visionare le immagini, ma la donna non guarì: assieme alla colorazione grigio-blu, apparvero delle vere e proprie lesioni da trauma che la rovinarono definitivamente. Solo oggi, pigmentazione a parte, la pelle della donna ha assunto di nuovo un aspetto normale.

Naturalmente quello di Rosemary non è l'unico caso, ne esistono centinaia nel mondo. Tra i più noti mediaticamente vi è quello di Stan Jones, un candidato al Senato statunitense, e poi Paul Karason, detto l'«uomo blu», che viveva di apparizioni televisive e ospitate in discoteca come un fenomeno da baraccone: fu proprio il suo caso, come dicevo, a farmi conoscere questa incredibile pratica.

Quando ai pazienti viene comunicato che la loro colorazione sarà definitiva, la prima reazione è di solito quella di sentirsi profondamente in colpa, frustrati e stupidi per aver ceduto a una tentazione così ridicola. Esistono degli studi che analizzano i vari casi di argiria da ingestione di argento colloidale, ormai quasi tutti derivanti dall'uso di preparati artigianali o acquistati via internet, visto che integratori e farmaci sono praticamente introvabili.

In rete è disponibile *Colloidal Silver Handbook* di Rama Kanduri, un libro che descrive le proprietà dell'argento colloidale. Ho deciso di leggerlo e ne sono rimasto molto colpito perché è considerato il testo di riferimento da chi ne pubblicizza l'uso: enormi inesattezze, affermazioni senza senso né basi scientifiche, frasi ambigue che giocano sull'ignoranza di chi le legge, termini inseriti solo per dare un'apparente scientificità ad argomenti che non sono scientifici nemmeno da lontano, un misto di credenze e bugie. Insomma, un insieme di parole buttate lì per far presa sui creduloni.

Non penso servano grossi sforzi per definire quella dell'argento una grossa bolla di sapone. Ma chi si ostinasse a utilizzare la sostanza per guarire da tutti i mali sia ben cosciente che, in effetti, potrebbe sì curare una dermatite che passerebbe in otto giorni, ma con il rischio di avere una pelle omogeneamente bluastra per il resto della vita.

Al solito, la tanto invocata libertà di scelta terapeutica mi sembra più che altro libertà di farsi del male. Intanto l'illusione che il «naturale» debba per forza essere benefico continua a essere diffusa, e persino un gesto «naturale» come mangiare per magia diventa curativo. Una giusta (ed equilibrata) alimentazione può correggere problemi di peso anche gravi, e quindi indirettamente prevenire malattie (soprattutto cardiovascolari), ma quando si sente dire che una dieta riesce a guarire una malattia bisogna sempre fare attenzione.

Le diete miracolose

Ce n'è per tutti i gusti

L'argomento è più che attuale: esistono centinaia di diete che promettono risultati incredibili, dimagrimenti eccezionali e addirittura la guarigione da malattie. Nascono così la dieta «delle banane», quella «del gruppo sanguigno», quella «dei colori», ma anche altre molto più estreme e potenzialmente pericolose. Su internet si troveranno le affermazioni più curiose, da persone guarite da gravi malattie mangiando solo cipolle o piante amazzoniche, a cure del cancro a base di succo di limone e d'aloe. A quanto pare questa diffusa pianta grassa, oltre al suo accertato potere cicatrizzante e blandamente lassativo, avrebbe quello «magico» di curare i tumori: lo ha detto un frate brasiliano (ma non lo ha mai dimostrato).

Uno dei regimi alimentari più diffusi è quello vegetariano, che consiste nel nutrirsi in prevalenza di sostanze di tipo vegetale (frutta, verdura, cereali) eliminando i prodotti che derivano dall'uccisione di animali (carne, grassi). Questa dieta è salutare ed efficace, non ci piove, e sono sempre di più le evidenze scientifiche che mostrano come un vegetarianesimo controllato (che cioè non escluda l'apporto di sostanze fondamentali al buon funzionamento dell'organismo) sia utile non solo al benessere generale ma anche nella prevenzione di malattie importanti (cardiovascolari e neoplastiche su tutte). Nessun medico quindi vi sconsiglierà mai una dieta a base vegetale (che dovrà essere adattata alla vostra condizione fisica, all'età e alla situazione personale), ma anche in questo campo non si contano gli estremismi, dettati quasi sempre da motivi etici e non alimentari. Nasce così la dieta vegana (evitare qualsiasi alimento che derivi dagli animali, comprese le uova o il latte) o quella crudista (alimentarsi solo di vegetali non cotti); esiste poi la dieta igienista (più una filosofia estrema di vita che di alimentazione: essa pretende addirittura di guarire le malattie e costringe chi la segue a un regime strettissimo e complicato). Si arriva fino al breatharianismo, ovvero la completa assenza di alimentazione: secondo i seguaci di questa pratica, l'uomo potrebbe nutrirsi esclusivamente di luce, evitando del tutto qualsiasi alimento. È inutile dire che quest'ultimo tipo di dieta (spesso schermo di vere e proprie patologie psichiatriche) è pericolosissima (di sue vittime sono piene le cronache) e fuori da ogni credibilità.

Esistono due dati che possono dirsi scientificamente certi: l'eccessivo consumo di proteine animali (quindi carne e derivati) aumenta il rischio di patologie cardiovascolari e neoplastiche, ma soprattutto non esiste la «dieta miracolosa». Confusi dalla pubblicità e dai nomi esotici di programmi alimentari spesso squilibrati, si dimentica l'unica dieta davvero efficace, la sola che serve a perdere peso in maniera controllata e sicura: mangiare meno, meglio e fare attività fisica. Se poi dobbiamo perdere molti chili, bisognerà affidarsi a un professionista del settore (nutrizionista, dietologo), titolato ed esperto. Tutte le altre sono in sostanza dei prodotti commerciali: vogliono colpire il consumatore con promesse che non possono mantenere. E quello sarebbe pure il male minore, visto che in certi casi possono costare care.

La dieta alcalina

Tra i tanti consigli alimentari a scopi curativi, uno dei più diffusi su internet è la cosiddetta «dieta alcalina», in base alla quale alimentarsi con cibi «non acidi» favorirebbe la salute e guarirebbe addirittura da svariate malattie.

Negli ultimi anni, soprattutto in «ambienti alternativi», spopolano le affermazioni secondo cui la dieta (e le terapie) «deacidificante» o «alcalinizzante» avrebbe poteri curativi innumerevoli, arrivando persino a sconfiggere il cancro.

Cosa significa? È vero che «alcalinizzando l'organismo» si vive meglio? Bisogna partire dall'inizio, ed essendo l'argomento molto tecnico proverò un po' a semplificarlo. Il motivo di tante leggende che vedono in questa dieta la soluzione di tutti i mali sta nella banalizzazione di qualcosa che di banale non ha nulla e quindi, come spesso capita, è una sciocchezza. Partiamo da un dato: il nostro sangue è lievemente alcalino.

Cos'è «l'alcalinità»? Ogni soluzione ha un suo pH. Si tratta della scala di misura dell'acidità o basicità (detta anche alcalinità) di un composto. Questa scala nell'uso pratico va da 0 a 14. Se una soluzione ha pH 0 è un acido forte (è cioè una sostanza molto acida), se ha pH 14 è una base forte (cioè molto basica, alcalina); una soluzione con pH 7, come ad esempio l'acqua pura, si dice «neutra» (non è cioè né acida né alcalina).

L'acidità o basicità di una soluzione si misura con appositi strumenti (anche molto semplici, come le cosiddette «cartine tornasole»: delle striscette di carta che reagiscono colorandosi in maniera differente secondo il pH riscontrato). La differenza tra i due estremi è dovuta alla concentrazione di ioni di idrogeno (H+) presenti nella sostanza che esaminiamo. Si tratta di chimica e fisica che sperimentiamo ogni giorno, perché presenti in moltissimi fenomeni che accadono intorno a noi. Il succo del limone è acido (definiamo così anche il suo sapore), il bicarbonato è basico (ma l'alcalinità ha un sapore amarognolo). Siamo circondati da sostanze acide, da altre basiche e ognuna ha queste caratteristiche espresse in grado diverso.

Il nostro sangue ha un pH lievemente alcalino: più o meno di 7,4.

Se questo valore diminuisse (quindi andasse verso lo 0) o aumentasse (verso il 14) anche di poco, non potremmo sopravvivere, perché la maggioranza dei processi che ci consentono la vita non funzionerebbe e verrebbe danneggiata nel giro di poco tempo. In realtà il nostro pH non è fisso: può variare (ad esempio un pH di 7,3 o di 7,5 per alcuni minuti potrebbe non provocare danni particolari) però viene subito riportato nella norma da una serie di meccanismi che il nostro organismo mette in atto involontariamente, ma in maniera visibile, mediante due mezzi: i reni e la respirazione.

Quello più «imponente» è la respirazione: espirando (quindi emettendo aria) eliminiamo delle sostanze in modo da riportare il pH nella norma. I nostri polmoni riescono a ripristinare il pH normale in tempi brevissimi (si pensi all'apnea, il respiro «affannoso» che la segue ha questo scopo: i recettori incaricati di regolare la respirazione reagiscono a un aumento dell'anidride carbonica, CO_2).

I reni hanno un ruolo meno «importante», ma molto più raffinato: eliminano con l'urina gli elementi che condizionano il pH. Quantitativamente, questi ultimi sono meno di quelli emessi dai polmoni, ma si tratta di sostanze «organiche» non volatili e che quindi non «evaporano».

Se per qualsiasi motivo il pH del nostro organismo non è stabile (quindi va oltre o sotto la normalità del 7,4) si entra in uno stato patologico: se si va verso l'acidità si parla di «acidosi metabolica», al contrario di «alcalosi metabolica». Sono due condizioni che, in caso non vengano rapidamente risolte, possono portare alla morte in breve tempo (per valori di pH inferiori a 6,8 e superiori a 7,8).

Ecco il perché di un sistema tanto complicato: altrimenti basterebbe mangiare un pomodoro per rendere acido il plasma sanguigno e morire o assumere un cucchiaio di bicarbonato di sodio per avvelenarsi. È chiaro che l'organismo ha i mezzi per correggere piccole variazioni di pH (che avvengono ogni giorno), ma con variazioni improvvise e violente il rischio di un'impossibilità di riequilibrio sarebbe altissimo. Una base forte (come l'ammoniaca) o un acido forte (come l'acido cloridrico) hanno la capacità di danneggiare direttamente le strutture dell'organismo (e in generale ogni struttura organica), per questo si tratta di sostanze corrosive e pericolose. Il nostro corpo quindi «lavora» senza sosta per mantenere il pH ai valori fisiologici: quando assumiamo una sostanza acida, i recettori avvertono la novità e mettono in moto i meccanismi che permettono al pH di rimanere stabile. Tutto il giorno, anche mentre dormiamo, polmoni e reni (e altri organi per aspetti diversi) lavorano «in silenzio» per mantenere il pH attorno al valore di 7,4.

Ma allora perché seguire una «dieta alcalina» o voler «alcalinizzare il corpo»? A cosa serve? Sarebbe davvero un beneficio per la salute?

Sono tanti i siti pseudoscientifici e i «naturopati» che consigliano una dieta ricca di alcali per migliorare la condizione del nostro organismo ed evitare spiacevoli disturbi; molti fanno risalire l'origine di questa bizzarra teoria alle idee di un certo Robert Young, presunto medico (ha ottenuto una «laurea» online da un'università non riconosciuta che in seguito è stata chiusa per aver truffato i propri allievi) autore di un libro sull'argomento. Mangiando in particolare frutta (non tutti i tipi), alcuni legumi, ma soprattutto evitando cibi acidi quali la carne, i grassi, i fritti, il nostro corpo ne risulterebbe «alcalinizzato», con un risultato eccezionale sulla salute. Qualcuno sostiene che questa dieta prevenga e curi (!) alcune malattie, anche gravi. In realtà è una bugia, non serve a nulla, è semplicemente una truffa inutile: una bufala.

Il libro di Young è un insieme di madornali errori alimentari, ricco di invenzioni, veri e propri strafalcioni e assurdità:[1] basti pensare che il pomodoro è inserito tra gli alimenti «alcalini» quando sappiamo che è acido. Non solo: Young consiglia di evitare alimenti fermentati (yogurt, vino) in quanto produrrebbero batteri, dimenticando che, se il nostro organismo fosse privo di certi batteri, avremmo pochissime armi contro le infezioni più comuni. In realtà l'eventuale acidità o basicità di un alimento che introduciamo con la dieta non ha alcuna influenza sul pH del nostro sangue. Insomma, una vera e propria sciocchezza.

Qualcuno che ha seguito questa «dieta» riferisce di benefici evidenti e sostiene di godere di un migliore stato di salute: probabilmente non pensa al fatto che non è il «bizzarro» regime alimentare a farlo stare meglio ma la maggiore attenzione a ciò che ingerisce, evitando cibi grassi e pesanti.

Esistono almeno tre motivi per i quali nutrirsi di alimenti «alcalini» non serve a nulla in termini di salute:

1) Una pietanza alcalina, subito dopo l'ingestione, viene a contatto con i succhi gastrici presenti nello stomaco che,

---

1 Robert O. Young, Shelley Redford Young, *Il miracolo del pH alcalino. Bilanciate la vostra dieta, recuperate la vostra salute*, Bis Edizioni, Cesena 2010.

come tanti sanno, sono molto acidi. Questo «incontro» neutralizza l'alcalinità dell'alimento, che al momento di venire assimilato è praticamente neutro (o addirittura acidificato).

2) Anche se esistesse un cibo capace di mantenere la sua basicità dopo il passaggio dallo stomaco, fino a riuscire a far variare il pH del sangue, si metterebbero in moto tutti i meccanismi che abbiamo descritto per riportare immediatamente il pH ai valori consueti.
3) Nel caso (ipotetico e inesistente) di un alimento commestibile che dopo aver sorpassato indenne l'acidità gastrica e non aver scatenato i meccanismi di regolazione del pH, riuscisse a rendere «basico» il nostro sangue, basterebbero pochi minuti di questa condizione per andare in alcalosi metabolica.

Pertanto, se esistesse questo tipo di alimento, sarebbe un veleno e mangiarlo significherebbe morire, altro che salute! Naturalmente tutto ciò vale anche in caso di alimentazione «acida»: di norma assimilare sostanze acide non cambia in maniera rilevante il pH del nostro sangue, ma anche se lo facesse interverrebbero meccanismi specifici a correggere la situazione, che sarebbe patologica. Qualora un individuo decidesse di nutrirsi con una dieta pesantemente alcalina, potrebbe «spostare» il pH del suo sangue (di poco) verso l'alcalinità ma solo per brevissimo tempo (qualche ora al massimo), e quindi non si avrebbe alcun beneficio in nessun contesto. Riuscendo in qualche modo a mantenere un'alcalinità elevata per un periodo prolungato si suiciderebbe senza scampo, e usando «alcali forti» si procurerebbe gravissime lesioni (la soda caustica, ad esempio, ha pH 14).

Per questi motivi è chiaro che non esiste una «dieta alcalina», non vi è modo (e comunque non sarebbe salutare) di «alcalinizzare» il sangue e, se il nostro pH ha un valore ben preciso, una ragione ci sarà. Non solo: i sostenitori di questa inutile pratica non si rendono conto che nulla, nel nostro corpo, succede per caso. L'eliminazione renale delle sostanze acide rende le urine a pH lievemente basso e questo ha uno scopo ben preciso: sfavorire la crescita batterica. Una dieta alcalina, quindi, non solo non ha alcun significato ma potrebbe esporre a problemi di salute.

Una delle stupidaggini a cui credono i seguaci di queste pseudodiete è quella che si possa controllare lo stato di salute del corpo monitorando il pH urinario: se acido, bisognerebbe correggerlo. In realtà il pH urinario è per forza lievemente acido (anche se può variare durante il giorno, a seconda dell'alimentazione e delle condizioni di salute) per il semplice motivo che eliminiamo, attraverso i reni, le sostanze scartate dal nostro corpo.

Qualche studioso ha notato che una dieta «alcalina» può apportare benefici di vario tipo alla salute, e ha realizzato anche degli studi che sembrerebbero confermare la teoria; il problema di questo tipo di analisi sta nel confondere l'azione dell'alimento alcalino con quella delle sostanze che esso contiene. In una ricerca, ad esempio, si nota come una dieta ricca di frutta e verdura alcaline migliori le prestazioni muscolari per l'aumentata concentrazione di potassio e magnesio. Il fatto è che sono questi minerali a sortire l'effetto (ed è noto da tempo), e non certo l'alcalinità degli alimenti. È un po' come se sostenessi che l'assunzione di un alimento acido come il caffè stimoli il sistema nervoso: è la caffeina ad avere un tale potere, non l'acidità della sostanza.

Esistono anche alcuni «integratori» in vendita che avrebbero lo scopo di «alcalinizzare» l'organismo. Visto quello che sappiamo a proposito del pH sono due le cose: o questi integratori non fanno nulla o sono molto pericolosi per la salute. Io propendo per la prima ipotesi, con il danno al portafoglio in aggiunta, che sempre danno è.

Terza parte
Le truffe delle cure anticancro

Cure animali e vegetali anticancro

Cure animali anticancro

Sono tante le cure che pretendono di sfruttare «parti» di organismi animali, dichiarandone le proprietà anticancro. In generale sono conosciute blande proprietà antineoplastiche di certi estratti di animali, negli altri casi si tratta soprattutto di convinzioni derivate da antiche tradizioni popolari.

Alcuni veleni di rettile, ad esempio, o un prodotto delle ghiandole del geco hanno mostrato *in vitro* di riuscire a bloccare la replicazione delle cellule tumorali, ma l'applicazione sull'uomo è molto complessa: a volte la quantità di sostanza necessaria per avere un effetto curativo su di noi è eccessiva e quindi tossica per l'organismo, altre volte ciò che è stato notato in laboratorio non è in grado di ripetersi sull'essere vivente oppure la capacità antitumorale si rivela meno esaltante del previsto. In varie zone del pianeta sono diffuse le cure con ghiandole di rospo, corna di rinoceronte, parti di tartaruga. Tutto inizia in genere da antiche conoscenze (ad esempio la ghiandola di un anfibio utilizzata per combattere le infezioni della pelle) che con il tempo sono state distorte fino a diventare una «cura totale», adatta a qualsiasi malattia, ma nella maggior parte dei casi sono semplici credenze.

Queste superstizioni, oltre a causare un danno dovuto alla truffa medica, hanno un notevole impatto sulla natura, sulla sopravvivenza di specie rare e sulla diffusione del bracconaggio; persino animali come le tigri o gli squali rischiano l'estinzione anche per la caccia che subiscono in nome di vecchie leggende ormai smentite.

La cartilagine di squalo

Lo squalo, predatore eccezionale, ha assunto una fama terribile e in generale immeritata «grazie» al cinema e al ritratto volutamente cattivo creato dai film hollywoodiani. Dire quindi che questa specie si sta lentamente avviando all'estinzione potrebbe non colpire più di tanto, ma a prescindere dalla «simpatia» o «antipatia» che ci ispira, la sua scomparsa sarebbe un danno enorme per l'ecosistema. La strage di squali ha varie cause, la maggioranza delle quali del tutto banali (pesca sportiva, mercato nero di trofei) e altre invece preoccupanti (cambiamenti climatici, inquinamento). Ma se vi dicessi che sono centinaia di migliaia gli squali uccisi ogni anno perché si crede che alcune loro parti abbiano poteri anticancro, afrodisiaci o curativi, vi stupireste?

Navigando per il web vi sarà magari capitato di leggere qualcosa come «cartilagine anticancro» o «la cartilagine di squalo cura i tumori». Ebbene, un gran numero di squali viene ucciso per alimentare il mercato della medicina alternativa. La storia della cartilagine di squalo che sarebbe un agente antitumorale è davvero sorprendente.

Partiamo da un dato scientifico: la cartilagine è un tessuto biologico presente in molte specie animali, anche nell'uomo (soprattutto a livello articolare, ma non solo). Una sua peculiarità consiste nell'essere caratterizzata da scarsissima vascolarizzazione, non presenta cioè vene o arterie al suo interno. Quando gli scienziati notarono che i tumori hanno bisogno di continuo apporto di sangue per progredire e che addirittura «costruiscono» vene e arterie nella zona colpita, si misero alla ricerca di agenti capaci di bloccare la formazione di vasi sanguigni: evitando la nascita di strutture che assicurino l'apporto di sangue ai tumori si sarebbe potuta ottenere, in via teorica, una sorta di distruzione della neoplasia per «mancanza di nutrienti».

Iniziò così la ricerca di agenti antiangiogenici, che contrastavano cioè la nascita o la proliferazione di nuove vie di apporto di sangue attorno al tumore. Studiare le possibili applicazioni del tessuto cartilagineo fu quindi una delle possibilità e per un periodo questa strada fu battutissima; oggi si cercano nuove sostanze poiché quelle a disposizione non hanno ottenuto i risultati sperati. È stato notato, inoltre, che non è solo la presenza di elementi antiangiogenici a proteggere la cartilagine dall'invasione del tumore, ma anche quella di altri suoi componenti, in particolare di alcuni che inibiscono un enzima.

C'è una classe di animali, pesci in particolare, che ha la caratteristica di possedere uno scheletro tutto di cartilagine. Partendo da queste verità inopinabili, qualcuno ebbe un'intuizione: se la cartilagine «sfavorisce» la comparsa di tumori grazie alla sua scarsità di vasi sanguigni, e se esistono dei pesci formati principalmente di cartilagine, basterà controllare questi animali e studiarli. E il più diffuso è lo squalo. Dalla sua cartilagine, attorno agli anni Novanta, furono dunque estratti diversi componenti: filtrati cellulari, derivati enzimatici, tutto ciò che poteva essere studiato per la lotta ai tumori.

La notizia si sparse e, come spesso accade a una ricerca o a un esperimento quando arrivano in mani inesperte (e interessate?), diventò una bomba a orologeria. Si creò lo scoop, risultato di un sillogismo semplice quanto ingenuo: la cartilagine sfavorisce i tumori, lo squalo è «fatto di cartilagine», quindi le cartilagini degli squali proteggono dal tumore. Si mise così in moto un meccanismo pericoloso che voleva lo squalo come un animale dotato di fortissimi poteri anticancro. La voce diventò «pseudoscientifica» perché chi la diffondeva sussurrava di esperimenti riusciti, risultati eclatanti e del solito... complotto mondiale per tenere nascosta la scoperta. Si diffusero quindi dicerie false e incontrollate, leggende miste a mezze verità, vendite sottobanco; qualcuno raccontava di guarigioni incredibili ed effetti miracolosi. E poi venne pubblicato un libro che gettò benzina sul fuoco: gli squali non vengono mai colpiti dal cancro.

William Lane, nel 1992, scrisse un manuale dal titolo *Sharks Don't Get Cancer* (Gli squali non hanno il cancro), che pubblicizzò su una rete televisiva americana durante un programma di intrattenimento: fu il boom. La voce si trasformò in certezza «mediatica», gli studi ancora iniziali divennero «prove inconfutabili» e il risultato fu la vendita dissennata della cartilagine di squalo come anticancro. Tantissimi malati e parenti di persone sofferenti cominciarono a chiedere informazioni sullo squalo antitumorale, su come procurarsi un «estratto» curativo... e il commercio non tardò a svilupparsi. Apparvero decine di compresse, polveri, bustine «alla cartilagine di squalo», integratori di cartilagine, manuali su come curarsi; la mania si diffuse in tutto il mondo e la storia divenne popolare raggiungendo infine internet, che contribuì a diffonderla. Naturalmente, come sempre, c'era gente che dichiarava di essere guarita dalla malattia.

Ma vediamo cosa c'è di vero in tutta questa vicenda: basteranno poche considerazioni iniziali per comprendere come si tratti della solita bufala.

Prima considerazione: il libro di Lane può essere senza indugio eliminato dalla biblioteca, in quanto non è vero che gli squali non hanno il cancro. Il tessuto cartilagineo è colpito da tumore esattamente come tutti gli altri; è vero che i tumori cartilaginei sono molto rari, ma non inesistenti. C'è tutta una classe di neoplasie benigne e maligne che colpiscono le cartilagini: i condromi, i condroblastomi e i condrosarcomi (questi ultimi maligni). La formazione di tumori in tale tessuto è quindi possibile.

E gli squali? Anche loro sono colpiti dal cancro? Certamente. Il problema è rintracciare gli individui malati: in genere muoiono scomparendo nel mare, e anche se uno squalo malato venisse pescato è molto raro che chi lo ha preso all'amo si metta a cercare un eventuale tumore. Tutto quindi è relegato ai report degli studiosi del mare e di questo tipo di animali. Perciò, sebbene trovare uno squalo ammalato di tumore sia difficile, è successo diverse volte e ne esistono anche testimonianze visive e catalogate. Vi sono infatti diversi istituti che studiano e raccolgono le immagini di neoplasie maligne degli squali: uno dei più forniti, l'Istituto americano dei tumori negli animali, è provvisto di un registro che finora ne ha archiviate quarantadue.

La cosa interessante è che il primo caso conosciuto di squalo affetto da tumore risale a più di centocinquant'anni fa, pertanto la teoria di William Lane si basa su un assunto del tutto falso. I pesci hanno in genere un tasso minore di tumori per vari motivi e il più importante sembra essere la diluizione nell'acqua degli agenti cancerogeni; ma bisogna ricordare che la classificazione delle malattie di questi animali non è sempre un lavoro semplice, ottenere quindi statistiche certe di questo tipo di malattia negli abitanti del mare non è impresa da poco. In ogni caso la possibilità che gli squali siano meno suscettibili ai tumori non è stata del tutto esclusa;

sono conosciuti, infatti, diversi animali che posseggono una sorta di «protezione» nei confronti di un tipo di cancro (ad esempio quello al fegato, perché i pesci hanno un diverso metabolismo epatico) ed è proprio la difficoltà di reperire casi da studiare che rende faticosa una ricerca precisa. Ma anche ammettendo una minore incidenza di tumori negli squali, non si comprende la logica dell'assumere «estratti» delle loro cartilagini, quasi sempre venduti in polvere. Questa pratica ricorda più che altro un rito sciamanico: un animale è protetto dal cancro e se io mi nutro delle sue carni «assorbirò» le sue virtù. Il teorico potere «anticancro» inoltre era posseduto anche da altri tipi di cartilagine, persino quella bovina, che fu infatti studiata in laboratorio; ma probabilmente lo squalo paga il prezzo del suo essere più «esotico» del bue e del rappresentare un animale non particolarmente amato.

Milioni di squali sono stati massacrati per la produzione di simili rimedi, e la caccia continua ancora oggi. La diffusione fu tale da indurre una casa farmaceutica canadese a produrre compresse a base di cartilagine di squalo (in realtà era dichiarata come cartilagine di origine marina derivata da animali uccisi per scopi alimentari e si chiamava Neovastat). Lo studio del medicinale ottenne anche delle sovvenzioni come farmaco «orfano» (ovvero la cui domanda è molto bassa, quindi non ha una convenienza dal punto di vista commerciale) dalla Food and Drug Administration. Ciò sottolinea l'interesse della comunità scientifica per qualcosa che sembrava avere una base di ragionevolezza. Era quindi giunto il momento di provare scientificamente queste fantomatiche proprietà curative.

In linea teorica, la «cura» non era assurda, ma per dimostrare un'adeguata risposta sull'uomo la strada era lunga; gli studi sull'efficacia della cartilagine si sono succeduti a partire dalla fine degli anni Novanta. Le ricerche non avevano mai evidenziato particolari effetti benefici di questa sostanza, né per la lotta ai tumori né nel miglioramento della qualità di vita. In particolare, se qualche efficacia antiangiogenica era stata dimostrata, come previsto, *in vitro* (cioè in esperimenti di laboratorio), lo stesso risultato non era costante *in vivo*, ovvero su cavie animali. Si arrivò così alla fase II della sperimentazione, quella su esseri viventi. Purtroppo non venne riscontrato alcun esito antitumorale evidente. In seguito altri studi raggiunsero la stessa conclusione e il miraggio di un nuovo agente antitumorale svanì progressivamente.

C'è però da aggiungere che con gli anni sono stati evidenziati alcuni effetti positivi delle sostanze estratte dalla cartilagine (non solo dello squalo); così è stata studiata, ad esempio, la loro efficacia come immunostimolanti (che migliorano la risposta degli anticorpi) con buoni risultati, da approfondire, nelle malattie caratterizzate da minore risposta anticorpale (cancro quindi, ma pure Aids), anche senza un'azione antitumorale diretta. Tali nuove risposte riportarono l'interesse della scienza su questo genere di farmaco e seppur in piccoli campioni qualcosa, in alcuni tipi di tumore (quello renale, ad esempio) sembrava emergere. Ma gli studi erano troppo discordanti e spesso le ricerche più accurate non soddisfacevano le aspettative. Così fu affidata una sperimentazione a un prestigioso istituto di ricerca statunitense, la Mayo Clinic. Il test ha confrontato in ottantatré pazienti con tumori avanzati le compresse a base di cartilagine di squalo con un placebo. Nessun beneficio, né in termini di sopravvivenza né di qualità della vita.

Nel 2010, è stata analizzata la somministrazione di derivati della cartilagine di squalo associata alla chemioterapia.[1] Nessun effetto aggiuntivo rispetto all'uso della sola chemio.

---

[1] Si veda il sito: www.ncbi.nlm.nih.gov/pubmed/20505152.

Tirando le somme quindi c'è poco da essere ottimisti, anche se la storia non finisce qui e la ricerca continua. In particolare si stanno cercando altre sostanze di tipo antiangiogenico, soprattutto molecole più attive e ad azione più rapida in quanto quelle finora scoperte sembravano promettere bene ma nella sperimentazione umana hanno deluso parecchio.

Un ulteriore aspetto da considerare è quello animalista. È giusto sterminare banchi di pesci per sperimentare o addirittura utilizzare qualcosa che sembra non avere alcun effetto benefico? A questa domanda non sta a me rispondere. Da parte mia l'unico dovere è concludere che anche la cartilagine di squalo, venduta come anticancro, a oggi resta una cura alternativa senza prove a sostegno, ed è risultata inefficace nei test. Il prodotto è comunque in vendita come integratore, immunostimolante e antinfiammatorio, non è illegale e si può reperire abbastanza facilmente. Per completezza d'informazione, gli studi sulle proprietà antineoplastiche dei derivati della cartilagine di pesci proseguono.

Il veleno di scorpione

Dalle fauci degli squali all'aculeo velenoso dello scorpione. Ci troviamo a Cuba: mare, sole, vacanze e... scorpioni. Già, com'è possibile che i viaggi degli italiani verso Cuba siano aumentati a dismisura negli ultimi due anni, con tanto di agenzie specializzate e tour operator improvvisati con uno scorpione come simbolo? Per vari motivi (politici, soprattutto) il paese ha conosciuto un isolamento che dura da decenni, e solo perché ha un clima e un ambiente invidiabili gli echi delle condizioni di vita dei suoi abitanti arrivano fino al nostro obeso Occidente.

Da qualche mese, ai viaggi turistici motivati dalla voglia di mare e di belle ragazze, si sono aggiunti quelli «della speranza». Si è sparsa la voce che un'azienda cubana riesca a guarire il cancro tramite un estratto del veleno dello scorpione azzurro, diffuso nell'isola e utilizzato da anni come antinfiammatorio e antidolorifico.

Compiendo qualche ricerca nelle banche-dati scientifiche si scopre che gli studi su queste sostanze (non solo il veleno dello scorpione ma anche quello di alcuni ragni e insetti) non sono una novità. Per il loro contenuto (soprattutto per la presenza di alcune proteine), simili veleni hanno un reale effetto nel combattere il dolore e le infiammazioni, tanto da essere utilizzati tradizionalmente come cura di artriti, artrosi, ernie vertebrali e altre malattie dolorose. Qualcuno ha pensato di testare il prodotto sulle cellule tumorali e ha notato che *in vitro* il veleno dello scorpione ha la capacità di bloccare e persino di uccidere certi tipi di cellule tumorali. Ottimo risultato. Peccato che all'efficacia *in vitro* sia necessario far seguire quella *in vivo.*

Di sostanze capaci di bloccare la replicazione di cellule tumorali negli esperimenti ne conosciamo tante, alcune anche comunissime e banali: da estratti di piante a vitamine, dall'acqua ossigenata all'alcol etilico e così via. Il vero ostacolo è il passaggio all'essere vivente. Molti di questi prodotti non mantengono le stesse proprietà *in vivo*, altri sono troppo tossici, altri ancora non possono essere somministrati perché mortali anche in piccole dosi, alcuni causano a loro volta il cancro e via dicendo.

Per l'Escozul® (è questo il nome dato all'estratto di scorpione, dalla contrazione del termine cubano «scorpione azzurro») succede la stessa cosa: la sua appena accennata efficacia *in vitro* non è confermata *in vivo.* Nessuno studio scientifico ha mai dimostrato capacità antitumorali su animali o su uomini da parte di questa sostanza, né esiste una sola persona che sia «guarita» dalla propria malattia utilizzando il farmaco.

Eppure, da quando la notizia si è sparsa, il turismo della speranza è cresciuto a dismisura: centinaia di malati (e parenti di malati) si recano a Cuba per procurarsi il prezioso quanto inutile veleno di scorpione. Parallelamente, come spesso accade, qualcuno ha pensato bene di approfittare della situazione e così c'è chi «procura» (a pagamento, ovviamente) flaconi dell'improbabile cura salvavita. Il veleno dello scorpione non ha effetti anticancro dimostrati sull'uomo, e la ditta produttrice non ha mai fornito evidenza del contrario: non c'è dunque alcun motivo di spendere soldi o di affrontare viaggi lunghi e costosi per acquistare un prodotto che non servirà a nulla.

Oltre al danno però, come spesso accade, arriva la beffa. Non avendo mai ottenuto alcuna prova del suo funzionamento e non potendo perciò venderlo come farmaco, l'azienda che produce l'estratto ha pensato bene di aggirare l'ostacolo: ha creato un prodotto omeopatico. In pratica ha diluito talmente tanto il veleno miracoloso (trenta volte, come riportato sulla confezione in commercio) che del principio attivo non vi è più traccia. Nei flaconi quindi c'è solo acqua. L'acqua non ha bisogno di alcuna registrazione come farmaco ed è quindi di libera vendita. Il problema è che nemmeno l'acqua è capace di guarire il cancro. Nonostante questo, migliaia di flaconi di Escozul omeopatico continuano a essere venduti, esportati e bevuti da poveri disperati in tutto il mondo che, credendo fin troppo alla buona fede delle persone, si affidano ai loro falsi proclami e cadono in una vera e propria truffa.

Ancora più triste però è vedere che anche testate giornalistiche e note trasmissioni televisive diffondono questa inutile speranza, senza curarsi delle conseguenze che i loro servizi potrebbero provocare sulle persone fragili. In Italia, infatti, la «mania» dello scorpione è esplosa perché fu una trasmissione televisiva piuttosto nota a parlarne. È disarmante assistere a questi viaggi della speranza di gente che spende migliaia di euro per acquistare un flaconcino di acqua riportandolo a casa come «cura del cancro», e ancora più sconfortante sapere che la commissione Sanità del Senato della Repubblica italiana ha convocato medici e docenti universitari per un'audizione sul preparato miracoloso.

Voi direte: ma davvero al Senato non hanno cose più importanti da fare? Non lo so, penso di sì, ma dal numero di sedute, di persone convocate, di parole al vento su cosa sia lo «scorpione omeopatico», a cosa serva e quanto costi, credo che, se anche le cose importanti da discutere non ci fossero, dovrebbero inventarle, così da impegnare il tempo in progetti costruttivi e non in ciarlatanerie.

In Italia alcuni personaggi che sfruttano il dolore degli altri hanno creato dei canali di vendita e prescrizione del prodotto, grazie all'appoggio di ambulatori medici compiacenti fuori dal nostro paese (in Albania, ad esempio). Persino certi medici, con giri di parole che generano confusione in chi non conosce la realtà della cura al veleno di scorpione (ripeto, nient'altro che acqua), cercano di dimostrare come vi siano sufficienti prove scientifiche per prescriverlo e assumerlo. I pazienti che hanno provato questo prodotto spesso sono vittime dell'effetto placebo, e ogni tanto riferiscono miglioramenti della qualità di vita, delle condizioni generali, dei sintomi dolorosi, quando in realtà stanno bevendo soltanto acqua fresca.

Comuni anche i sequestri di ingenti quantità di flaconi che persone senza scrupoli cercano di far passare alla frontiera per poi venderli in una sorta di mercato nero che sfrutta i canali internet; tutto ciò nonostante dei risultati promessi non vi sia traccia. Persino la trasmissione televisiva che per prima ne parlò, dopo aver ricontattato chi aveva usato la «cura», fu costretta a dichiarare che non erano stati riscontrati risultati validi.

Come si vede, alla fine le cure alternative (soprattutto quelle più crudeli, destinate ai malati di cancro) non escludono nulla: si vende di tutto, animali, piante, frutta... ma l'unico prodotto in vendita in questi casi è la speranza. Si vende un sogno di guarigione, non i mezzi per realizzarlo.

Cure vegetali anticancro

Che la maggioranza dei farmaci si ricavi totalmente o in parte da piante e vegetali non credo sia un mistero. Dalla notissima Aspirina a potenti chemioterapici, il regno vegetale è stato da sempre l'officina farmaceutica dell'uomo che, un tempo in maniera artigianale, oggi industrialmente, estrae, purifica, concentra e confeziona ciò che la natura ci dona. La percezione che ogni cosa che deriva dalla natura sia «benefica» o salutare non è del tutto corretta: in natura esistono potentissimi veleni o sostanze capaci di uccidere un uomo all'istante; siamo noi che riusciamo a modificarne le proprietà per rendere una molecola benefica o utile alla salute umana.

Nel mondo della medicina alternativa, proprio per sfruttare la moda del «naturale a tutti i costi», vendere come efficaci prodotti che invece non lo sono è una pratica molto diffusa. Frutti che guarirebbero tutte le malattie, estratti e frullati anticancro, mandorle, noci, fiori anticancro: c'è di tutto. Ma spesso, dietro all'innocente maschera del «naturale», si nascondono vere e proprie illusioni, anche pericolose.

L'erba che brucia il tumore

Lo abbiamo già detto: quando la medicina era ancora agli albori, l'uomo aveva pochissime armi contro le malattie; sappiamo tutti che si moriva d'infezione, di bronchite o per i postumi di una semplice ferita. Nel caso dei tumori, non vi era altra alternativa se non rimuovere, qualora possibile, un'escrescenza. I nostri avi non si facevano tante illusioni e non avevano uno stomaco debole: non esistevano gli antibiotici, l'anestesia o i bisturi e bastava un coltello arroventato e lo stordimento del malcapitato paziente con un po' di alcol per procedere con l'intervento. Il tumore veniva letteralmente bruciato, cauterizzato, estirpato... Non è piacevole anche solo immaginare le atroci sofferenze di chi subiva questi interventi. Quegli uomini non meritano la nostra ammirazione perché conoscevano chissà quale rimedio misterioso per le malattie ma perché, nonostante non avessero alcuna arma per curarle, a volte riuscivano a guarire. Fortunatamente gli anni ci hanno regalato magnifiche scoperte e almeno la sofferenza è quasi sempre evitata.

Ma non per i naturalisti a ogni costo che, pur di non adottare le soluzioni della medicina standard, tornano indietro nel tempo sottoponendosi a vere e proprie torture, crudeli oltre che inefficaci.

Negli Stati Uniti esiste la Black Salve®, una pasta corrosiva estratta da alcune piante spontanee. Le proprietà di questi vegetali sono conosciute da secoli e l'abitudine di «bruciare il male», arcaica e primitiva, in certe zone dell'America del Nord sopravvive indisturbata.

Negli Usa la chiamano «unguento nero» e si tratta di una pasta ustionante che viene applicata sopra qualsiasi lesione della cute, in qualsiasi parte del corpo. In poco tempo l'azione della pasta corrode letteralmente le cellule del derma arrivando fino in profondità e riuscendo ad asportare, almeno per quanto è visibile a occhio nudo, la lesione incriminata, spesso diagnosticata come «maligna» dallo stesso paziente: un classico delle presunte testimonianze di «efficacia». E quello che accadeva nel XIX secolo continua ancora oggi a succedere: tumori che avanzano silenziosamente e, scomparsi dalla superficie, intaccano gli strati profondi dell'epidermide, persone con veri e propri crateri sul corpo che si definiscono «guariti dal tumore» senza nemmeno avere idea di cosa abbiano combinato, visi deturpati e danni gravissimi.

Grazie al solito passaparola, questo metodo «innocuo ed efficace» per curare il cancro si è diffuso in diverse zone degli Stati Uniti. Utilizzandolo per asportare macchie della pelle, infezioni, tumori realmente maligni e lesioni benigne, sono centinaia le persone che si sono ustionate gravemente. Le immagini dei risultati della pasta sul viso sono piuttosto crude e molto impressionanti, ma, per capirci, la sua azione è simile a quella della soda caustica. In molti casi l'unguento nero è stato utilizzato per «distruggere» una macchia della pelle o un neo e ha provocato un'ustione molto profonda. Alcune donne sono state del tutto sfigurate, altre hanno perso completamente il naso o le labbra, distrutti per sempre (e in maniera dolorosa) dalle applicazioni della «crema» cauterizzante. Almeno fino a quando la notizia di queste lesioni è arrivata alle autorità. Per i danni provocati, gli unguenti sono stati dichiarati fuori legge e non commerciabili negli Stati Uniti, ma su internet è abbastanza semplice procurarsene qualche confezione. Molti siti vendono simili creme con il nome di Cansema®, altri le descrivono come derivati dalla radice di una pianta, la *Sanguinaria canadensis*.

Le conseguenze, come detto, sono spesso drammatiche. Troppa gente è convinta che sia possibile in qualsiasi caso il «fai da te» e ciò porta spesso a conclusioni davvero azzardate. I risultati dell'applicazione di sostanze corrosive sulla pelle sono stati descritti e studiati a fondo, e una rivista di dermatologia ha riportato la storia di quattro casi finiti male.[2] In due di essi le persone prese in esame avevano usato questi unguenti per autocurarsi un basalioma maligno (un tumore della pelle) che, come previsto, era stato «bruciato» dalla sostanza con la cicatrizzazione completa della pelle, ma negli strati subcutanei le cellule maligne avevano continuato a proliferare e una biopsia profonda effettuata successivamente svelò che il tumore era progredito. I pazienti furono sottoposti a un intervento devastante per eliminare il tumore. Nella quarta persona si osservò lo sviluppo di metastasi.

Il terzo caso descritto dalla rivista è quello di Ruth Conrad, una donna dell'Idaho. Un naturopata le prescrisse una di queste paste corrosive per eliminare un rigonfiamento nel naso. Dopo pochi giorni, la donna notò il formarsi di strane strisce che partivano a raggiera dalla lesione, ormai quasi ustionata e molto dolorante. Chiamò il naturopata, che le disse: «È un buon segno. Scommetto che assomiglia a un granchio, bene. Il cancro cos'è se non un granchio?». E la incoraggiò ad aumentare le dosi di Black Salve. La donna, nel giro di poche ore, vide letteralmente sciogliersi gran parte delle guance e tutto il naso. Furono necessari diciassette interventi di chirurgia plastica in tre anni per riacquistare un aspetto presentabile.

Altri «incidenti» si susseguirono e la Food and Drug Administration decise di proibire non solo la vendita ma anche l'importazione e la fabbricazione di sostanze corrosive per utilizzo «topico». Questo non fermò i venditori di

---

2 S. McDaniel, G.D. Goldman, *Consequences of Using Escharotic Agents as Primary Treatment for Nonmelanoma Skin Cancer*, «Archives of Dermatology», dicembre 2002.

pozioni. Sembra strano, ma nel XXI secolo cadiamo ancora vittime di questi ciarlatani.

Si potrebbe pensare che affidarsi a cure del genere è un'azione troppo stupida per rappresentare una concreta «minaccia» per la salute di qualcuno: niente di più sbagliato. Queste assurdità sono accettate e spesso ricercate da molti naturopati convinti, sicuramente ignoranti o ingenui, anche oggi. Internet, come ho già ripetuto più volte, spesso aiuta la diffusione di pratiche incontrollate e pericolose e i casi con un finale drammatico sono decine. Bisognerebbe capire che ogni cosa si trovi sul nostro pianeta è «naturale», compresi i veleni più potenti e tossici; identificare quindi la natura come entità assolutamente benigna è sciocco e rischioso. Questo concetto sembra banale ma a quanto pare non lo è, perché le terapie che pretendono di essere «naturali» sono tantissime. Persino un oncologo è, in senso letterale, un «naturopata» in quanto le sue armi, dai farmaci alle radiazioni, derivano direttamente dalla natura. Ma un'idea simile non fa presa: molto meglio truffare la gente facendo credere di essere padroni di un segreto tramandato di generazione in generazione. Così le terapie «naturali» prosperano e vendono, e nella categoria è previsto di tutto: dalle creme ustionanti alle mandorle per curare il cancro.

Il Laetrile® (o vitamina B17)

Se frequentate un gruppo di sostenitori delle cure alternative per il cancro, prima o poi vi capiterà di sentire qualcosa del genere: mangiare mandorle (a volte i semi dell'albicocca o della pesca) per sconfiggere il cancro è una cura nota a pochi, perché le multinazionali del farmaco vogliono tenere nascosta questa verità.

Nonostante l'affermazione sembri assurda, l'uso delle mandorle come «anticancro» è molto diffuso (più negli Stati Uniti che da noi); ma anche stavolta si tratta dell'ennesima teoria sbagliata in partenza, portata avanti testardamente, sebbene le prove la smentiscano, e poi utilizzata per guadagnare denaro ai danni di chi è malato. La storia che voglio raccontarvi è ambientata negli Stati Uniti ed ebbe notevole eco mediatica.

L'amigdalina, molecola isolata nel 1830, è una sostanza contenuta in semi di diverse piante (pesca, albicocca...) e soprattutto nelle mandorle amare. A volte è chiamata «vitamina B17» anche se in realtà non si tratta di una vitamina e non interviene in nessun processo fondamentale del nostro organismo. Tramite un'azione enzimatica, l'amigdalina si scinde e produce altre sostanze, tra le quali l'acido cianidrico (cianuro), molto tossico anche a piccole dosi. La sostanza fu sperimentata nel 1892 in Germania come prodotto anticancro, ma fu subito abbandonata per la sua inefficacia e tossicità.

All'inizio degli anni Cinquanta Ernst Krebs produsse una sorta di amigdalina «modificata» che chiamò Laetrile (levo mandelonitrile beta glucuronoside) e che brevettò per la cura dei disordini della fermentazione intestinale. Krebs era figlio di un farmacista che già prima di lui aveva sperimentato senza successo varie sostanze per la cura del cancro. L'inventore del Laetrile in realtà non era medico: fu bocciato diverse volte e infine espulso da una scuola omeopatica, frequentò senza successo altre cinque università e alla fine riuscì a conseguire un diploma in Arte presso un ateneo dell'Illinois. Nel 1973 ottenne, da una scuola cristiana evangelica di Tulsa, un diploma di Scienze per aver organizzato una conferenza di un'ora sul Laetrile.

La teoria alla base delle tesi di Krebs è un po' complessa e per renderla comprensibile sono costretto a semplificarla: nel 1892 un embriologo scozzese, John Beard, ipotizzò che le cellule del cancro fossero simili a quelle del trofoblasto (sono le cellule della placenta che permettono l'impianto dell'embrione nell'utero materno). Beard inoltre riteneva che la chemotripsina, un enzima prodotto dal pancreas, avesse la proprietà di distruggere il trofoblasto e che ciò avvenisse regolarmente proprio per «limitare» l'azione di tali cellule che, senza «inibizione», andrebbero oltre l'utero invadendo anche il resto dell'organismo, esattamente come un tumore. Quando il pancreas non è in grado di produrre sufficiente chemotripsina, le cellule del trofoblasto, sempre secondo Beard, circolerebbero per l'organismo, creando i presupposti per il cancro.

Nel 1950 Krebs riprese la teoria e ipotizzò che l'amigdalina potesse distruggere i tumori proprio come supposto per la chemotripsina. Secondo lui, le cellule cancerose sarebbero carenti di un enzima (chiamato «rodanasi» o «rodanese» e, in base alla sua opinione, responsabile della produzione di acido cianidrico) che dovrebbe evitare il loro accrescimento, mentre le cellule sane conterrebbero un altro enzima che le proteggerebbe dall'azione tossica del cianuro. In poche parole, il cianuro ucciderebbe le cellule neoplastiche e non quelle sane. Krebs sostenne quindi che l'amigdalina fosse una vitamina e la ribattezzò vitamina B17: la sua carenza sarebbe stata la causa dei tumori. Nessuna delle teorie qui sopra esposte è stata validata da studi scientifici e prove cliniche.

Nel 1956 Krebs incontrò un noto faccendiere, Andrew McNaughton (collaudatore di aerei che passò alla più redditizia attività di trafficante d'armi e poi di agente segreto doppio, per il Canada e per Cuba, di cui diventò cittadino onorario per volere di Fidel Castro in persona),[3] il quale, attirato dalla

---

[3] Si può leggere in merito la testimonianza resa da R.E. Jones alla commissione del Senato americano per gli Affari economici, il 9 febbraio 1978, ad Annapolis, Maryland. Il documento, *Testimony*

«vitamina anticancro», cominciò a pubblicizzare il Laetrile su riviste, quotidiani, libri e televisioni. Riuscì a convincere alcuni medici a tenere conferenze sulla sostanza e uno di questi scrisse un libro che ebbe discreta diffusione nell'America del Nord. Se dal punto di vista commerciale il prodotto sembrava lanciato, mancava ancora il «benestare» scientifico. I motivi erano sempre gli stessi: i medici che chiedevano prove dell'efficacia del Laetrile non ricevevano nemmeno risposta, alcune società mediche sollecitarono dati e cartelle per un esame preliminare e questi non giunsero mai. Continuava però il passaggio di improbabili testimoni in televisione; intanto svariati articoli sui giornali locali raccontavano gli scandali finanziari e il dissesto delle società di Krebs e McNaughton. Il fallimento della cura fu più volte sottolineato dalle ricerche effettuate nelle università americane in risposta alla domanda crescente di indagini da parte della popolazione americana.[4] Attualmente il Laetrile è ancora utilizzato in alcune cliniche messicane ed è in vendita su internet con i nomi di vitamina B17 o amigdalina.

Nell'ambiente alternativo, l'abitudine corrente di consigliare il consumo di noccioli di albicocca o mandorle amare per combattere il cancro deriva tutta da questa storia e non sono rare le segnalazioni di gravi intossicazioni (anche letali) da cianuro, provocate proprio dall'ingestione massiva di questi semi. Negli anni l'eco del Laetrile si è smorzata e, anche oggi, chi si ostina a ripetere il mantra del complotto e della cura nascosta dalle autorità continua a non fornire nessuna prova

---

Against Legalization of Amygdalin or Laetrile, è consultabile al sito: www.cancertreatmentwatch.org/victims/jones.shtml.

[4] S. Milazzo, S. Lejeune, E. Ernst, *Laetrile for Cancer: A Systematic Review of the Clinical Evidence*, «Supportive Care in Cancer», giugno 2007.

delle sue affermazioni. Dal 2000 la giustizia americana ha punito numerosissime aziende che vendevano o distribuivano Laetrile come «cura per i tumori», mentre nelle cliniche messicane lo spettro d'azione dell'«anticancro alle mandorle» si è allargato a dismisura, con la pretesa di curare anche l'Aids, la sclerosi multipla, il diabete e altro. Anche in questi casi solo a parole...

Cancro e vitamine

C'è un'altra teoria che riscuote molto successo negli ambienti alternativi, ed è quella che vede le vitamine come panacea di tutti i mali. Che esse siano essenziali per la vita (il loro nome deriva proprio dal fatto che senza queste sostanze non esisterebbe forma vivente sulla Terra) è un fatto risaputo, ma che possano curare ogni malattia (compreso l'immancabile cancro) è tutto da dimostrare. In realtà il business delle vitamine è «trasversale», non si tratta cioè di una prerogativa degli ambienti alternativi: integratori, vitamine antinvecchiamento, rinforzanti, ricostituenti... il loro mercato non conosce insuccessi. A questa classe di sostanze sono state assegnate le proprietà più incredibili, che però si scontrano con un'obiezione ragionevole: l'integrazione vitaminica serve solo quando esiste un'effettiva carenza. Se soffriamo di anemia sideropenica avremo bisogno di un maggior apporto di ferro o acido folico; la carenza di vitamina C provoca una malattia ben precisa (lo scorbuto), ma se siamo in buona salute e ci nutriamo in maniera varia ed equilibrata non ci servirà alcuna integrazione. Sembra logico, ma per molti non lo è.

C'è chi ha una particolare avversione per il termine «dimostrazione» e così anche illustri studiosi si sono lanciati in improbabili ipotesi sui benefici delle vitamine che però non hanno mai trovato riscontro negli esperimenti e nei test effettuati con metodo controllato. C'è una lunga tradizione riguardante l'uso di antiossidanti e vitamine, in particolare la C, per la cura del cancro. Due nomi svettano su tutti: l'italiano Pantellini e il premio Nobel per la Fisica Linus Pauling. Mentre il secondo basava la sua teoria quasi completamente sull'uso di una vitamina, il primo associava alla vitamina C un sale.

Il chimico Gianfrancesco Valsè Pantellini nacque in provincia di Firenze nel 1927. Raccontò che un suo conoscente affetto da tumore gastrico gli aveva chiesto come attenuare i dolori che lo facevano soffrire. Pantellini gli consigliò delle limonate zuccherate con bicarbonato di sodio. Qualche mese dopo rivide la persona in perfetta salute e scoprì che per sbaglio il bicarbonato di sodio era stato sostituito con il bicarbonato di potassio. Da allora si dedicò allo studio di questa sostanza arrivando a dichiarare, qualche anno più tardi, di aver scoperto la causa del cancro e la sua cura. Creò così, dopo vari esperimenti, l'ascorbato di potassio (bicarbonato di potassio e acido ascorbico) che diventò ufficialmente la sua «cura» per i tumori.

L'ascorbato di potassio è un agente antiossidante (molto potente) e il suo effetto terapeutico sarebbe avvenuto proprio perché i tumori, secondo Pantellini, sarebbero causati da «stress ossidativo». La percentuale di guarigione, in base alla teoria del chimico fiorentino, sarebbe stata del 100 per cento nei casi iniziali e solo di poco più bassa in quelli avanzati. In più affermava di aver curato centinaia di persone con tipi diversi di tumore e fondò un'associazione che prese il suo nome: Fondazione Pantellini. Morì nel 1990.

Partiamo dalla parte teorica. Che l'origine dei tumori possa essere anche lo stress ossidativo (cioè un'eccessiva ossidazione delle cellule, risultato delle normali reazioni chimiche che permettono alle stesse di sopravvivere e riprodursi) è un'ipotesi accettata dalla scienza. Si parla di «stress» ossidativo perché la normale ossidazione dei tessuti è un meccanismo fisiologico e utile ad alcuni processi che ci riguardano, ma comporta la produzione di sostanze (come i radicali liberi) che possono a lungo andare risultare dannosi per la cellula stessa. L'ossidazione in eccesso dei tessuti dell'organismo (dovuta ad agenti nocivi, a squilibri metabolici, all'avanzare dell'età e ad altri meccanismi) produce un danno tossico che colpisce proprio le strutture fondamentali per la sopravvivenza cellulare (come le proteine), compreso il Dna. La lesione a quest'ultimo, provocata dai radicali liberi, può essere talmente grave da determinare alterazioni genetiche e quindi, in teoria, anche tumori. Naturalmente non è un concetto assoluto e che vale per tutti i tipi di tumore (infatti quelli che hanno una base genetica congenita non hanno bisogno dello stress ossidativo per svilupparsi).

Il fatto stesso che l'uomo sopravviva e invecchi è un rischio, vista la produzione incessante di sostanze ossidanti, e quindi per la possibilità di danni alla cellula; nello stesso tempo, l'uomo invecchia (tra le altre cose) proprio per la presenza di continua ossidazione dei tessuti. Sembra quasi (o meglio, è proprio) un «programma» che decide quando dobbiamo cessare il nostro ciclo vitale, e non per nulla il cancro è definito una malattia degenerativa: è la «degenerazione» della normale funzione della cellula che permette la sua trasformazione maligna. Per questo motivo gli agenti antiossidanti sono stati studiati come «protettori» cellulari. L'ascorbato di potassio è un potente agente antiossidante: neutralizza (porta in equilibrio) un eventuale ambiente ossidante (quindi dannoso) eccessivo nella cellula, tramite un'azione «riducente» (l'insieme di queste reazioni, scatenate da enzimi, sono chiamate di red-ox, ovvero di ossido-riduzione).

In linea teorica quindi l'ipotesi di Pantellini non è sbagliata: se riuscissimo a mantenere un ambiente cellulare costantemente libero da eccessi di ossidazione, potremmo migliorare la qualità di vita e il benessere. Diverso il discorso della «cura del cancro»: se il danno genetico è stato già provocato, ripararlo equilibrando l'ambiente cellulare è, con i mezzi di cui disponiamo oggi, impossibile e con ogni probabilità inutile (la cellula degenerata non si «normalizza» solo con il ripristino delle condizioni ideali per il suo sviluppo). Sfavorire la crescita del tumore agendo proprio sulle sue cause è uno degli scopi della ricerca scientifica: si cerca come «riparare» i geni difettosi, diminuire la possibilità dei danni al Dna o rendere l'ambiente nel quale il tumore prolifera sfavorevole alla cellula neoplastica.

Proprio perché la sua idea non è del tutto errata, negli anni sono stati tanti i tentativi di migliorare le attuali terapie anticancro tramite gli antiossidanti, e le stesse vitamine sono state utilizzate come supporto di protocolli chemioterapici (con risultati discordanti); anche oggi tali sostanze sono studiate in quanto *in vitro*, e in alcuni studi *in vivo*, hanno mostrato un'attività antitumorale diretta. Abbiamo già visto come un esperimento che evidenzia un certo risultato *in vitro* possa poi dimostrarsi del tutto inefficace *in vivo*, o come spesso il problema sia legato al dosaggio (che, ad esempio, potrebbe risultare troppo tossico nella quantità che procurerebbe anche beneficio) o alla via di somministrazione. Facciamo un esempio pratico: l'alcol è un agente citotossico (uccide cioè le cellule) e il suo uso *in vivo* causa morte cellulare, quindi potrebbe essere usato come anticancro se non fosse che spesso induce esso stesso trasformazione tumorale (perché è un «oncogeno»). Le dosi necessarie a procurare un eventuale effetto positivo (cioè di cura per i tumori), quindi, sono quasi sempre letali per l'essere umano.

Nel caso degli antiossidanti gli esperimenti stanno proseguendo da anni, sia da soli sia associati ai prodotti in uso attualmente. Da notare che la maggioranza degli agenti antiossidanti è presente nella nostra normale alimentazione, soprattutto quella a base di frutta e verdura: negli agrumi, nel kiwi e in alcune verdure, infatti, vi sono sostanze che hanno proprio quest'azione. È stato rilevato che proprio gli antiossidanti presenti nell'alimentazione svolgono un ruolo antineoplastico, in special modo quelli della frutta (ad esempio quelli contenuti nei lamponi, nel mirtillo o nel ribes). È bene però ricordare che l'ossidazione è un meccanismo fisiologico talmente basilare per la nostra sopravvivenza che il suo squilibrio è la causa di numerose patologie di tipo degenerativo: oltre al cancro, anche il Parkinson, l'Alzheimer, alcune forme di vasculopatia e l'artrite. Per questo motivo l'uso di antiossidanti è consigliato nella prevenzione di parecchie malattie.

Pantellini non pubblicò mai i suoi «risultati» su riviste scientifiche, né fornì dati statistici o documenti che attestassero la reale efficacia del proprio metodo. Unici riscontri sono qualche testimonianza personale, affermazioni riportate sul sito internet della Fondazione Pantellini e aneddoti.

Partendo dalla stessa intuizione di Pantellini, altri studiosi (ad esempio proprio il premio Nobel nel 1954 Linus Pauling) hanno proposto l'uso di antiossidanti (vitamina C, in particolare) per la cura del cancro. Uno dei limiti di questa teoria è che il nostro organismo trattiene solo le quote utili alle sue funzioni ed espelle gli eccessi di vitamina introdotta. Inoltre, una buona parte delle vitamine assunte è metabolizzata o utilizzata nei vari processi dell'organismo:

in soli trenta minuti circa la quantità di vitamina C assunta si dimezza. Troppo pochi probabilmente per esplicare qualsiasi effetto terapeutico, soprattutto in una malattia come il cancro. Non deve comunque stupire che un genio del calibro di Pauling negli ultimi anni della sua carriera si sia dedicato a ipotesi quantomeno bizzarre: non è l'unico caso, e l'ultimo in ordine di tempo è il francese Luc Montagnier, Nobel nel 2008 per aver scoperto l'Hiv, ormai votato alle cure alternative e alla scienza spazzatura.

Vennero compiuti ulteriori studi: alcuni puntavano su vitamine diverse, altri valutavano varie vie di somministrazione. Non vi furono mai risultati eclatanti e, anzi, spesso emergeva l'inutilità delle sostanze nella cura e addirittura nella prevenzione dei tumori. Inoltre, una ricerca mostrò che un dosaggio di dieci grammi al giorno di vitamina C in pazienti con tumore non trattati con altri farmaci aveva avuto una risposta paragonabile al placebo: in pratica non aveva alcun effetto antitumorale. Il miraggio delle vitamine quali panacee per molti mali tendeva quindi a sgonfiarsi.

Negli ultimi anni sono apparsi alcuni studi (anche di buon livello) che riproponevano l'idea di somministrare la vitamina C endovena e non oralmente, visto che la via di somministrazione orale si era già dimostrata del tutto inefficace. Tanto per capirci, il massimo dosaggio tollerabile oralmente (18 grammi al giorno) produce un picco di acido ascorbico nel plasma sanguigno di 220 millimoli per litro. La stessa dose somministrata endovena produce un picco ben 25 volte maggiore, mentre 50-100 grammi di acido ascorbico somministrati endovena producono un picco di circa 14.000 millimoli per litro. La differenza è notevole. Per questo motivo negli ultimi anni si sta «riscoprendo» la sperimentazione di questa vitamina nella cura delle patologie neoplastiche.

L'idea di aiutare le terapie standard con alte dosi di antiossidanti non è assurda, come non è sbagliato indirizzare l'alimentazione su cibi che contengono ingenti quantità di vitamina C e antiossidanti, senza però credere di poter così «curare» il cancro. Per tale ragione molti centri clinici sperimentano l'acido ascorbico in associazione ai chemioterapici o in sostegno dell'intera terapia antineoplastica. Purtroppo anche questa ipotesi inizia a vacillare: la capacità «protettiva» della vitamina C nei confronti delle cellule non distingue tra le sane e le malate e si è quindi notato che l'apporto di questa sostanza in concomitanza di protocolli chemioterapici non solo non apporta benefici ma addirittura renderebbe meno efficaci le cure mediche, con un'azione direttamente favorevole allo sviluppo anche delle cellule neoplastiche.[5] In poche parole, nel tentativo di distruggere la cellula del cancro, la si rafforza.

A oggi, l'uso di vitamine ad alte dosi come cura del cancro è considerato pseudoscienza.

Per quanto riguarda il loro impiego (in particolare sfruttandone il potere antiossidante) nel prevenire altre malattie, gli studi più recenti evidenziano non solo un'assoluta mancanza di effetto preventivo ma per alcune vitamine addirittura un aumento della mortalità.[6] Quest'ultimo dato, in apparenza scioccante, viene spiegato da alcuni col fatto che i più assidui consumatori di integratori vitaminici sono

---

[5] M.L. Heaney, J.R. Gardner, N. Karasavvas, D.W. Golde, D.A. Scheinberg, E.A. Smith, O.A. O'Connor, *Vitamin C Antagonizes the Cytotoxic Effects of Antineoplastic Drugs*, «Cancer Research», 1° ottobre 2008.

[6] J. Mursu, K. Robien, L.J. Harnack, K. Park, D.R. Jacobs Jr., *The Iowa Women's Health Study. Dietary Supplements and Mortality Rate in Older Women*, «Archives of Internal Medicine», 10 ottobre 2011.

in genere persone già affette da patologie o che hanno uno stile di vita disordinato (fumatori, alcolisti) e pensano in tal modo di migliorarlo; si tratterebbe in sostanza del già citato «effetto airbag».

In generale l'assunzione di vitamina è utile solo quando vi sia una carenza, e dovrebbe essere ormai chiaro che la maggioranza di effetti benefici pubblicizzati o vantati sono solo giochi di marketing e pubblicità ingannevole.

Finte guarigioni in Italia

La bufala di Tullio Simoncini

Una sera, smontando dal turno di guardia, il collega che doveva sostituirmi mi indicò un video sul monitor del computer. Una donna affetta da tumore vescicale raccontava che, seguendo delle direttive speditele via email, era guarita completamente dalla sua malattia. Le indicazioni prevedevano di fare applicazioni di bicarbonato di sodio senza sottoporsi ad altra terapia. In effetti il tumore era sparito, e tutto era certificato da referti e documenti che apparivano velocemente sul video. Un caso eccezionale.

La mia curiosità davanti a una notizia del genere mi portò a iscrivermi al sito che quel video propagandava e a studiare la documentazione presentata. Chi gestiva il sito continuava a ripetere: «La donna non ha fatto altra cura se non il bicarbonato». Con un po' di difficoltà trovai il modo di visionare i referti mostrati nella testimonianza e scoprii (era scritto tutto nero su bianco nei documenti) che in realtà la donna si era operata e il tumore alla vescica era stato rimosso chirurgicamente. Nessuna guarigione miracolosa dunque, nessun effetto strabiliante del bicarbonato: la donna era stata curata e guarita dai medici del suo ospedale. Si trattava di un falso, ma appena lo dissi in un commento di quel forum fui espulso.

Così iniziò la mia attività di «indagatore di guarigioni miracolose». Il responsabile di quella operata dal bicarbonato era Tullio Simoncini, un ex medico romano radiato dall'albo e condannato, dopo la denuncia di alcuni suoi pazienti, per omicidio colposo (in un caso) e truffa (in due casi), in seguito alla morte di tre persone che si erano affidate a lui per curare la propria malattia tumorale. Un'altra condanna gli era stata comminata dall'Agcom (Autorità garante per il commercio), che l'aveva multato proibendogli di pubblicizzare la propria attività (la sanzione è stata ripetuta perché Simoncini non ha rispettato la prima condanna).

Nonostante tutto ciò, Tullio Simoncini esercita ancora la sua attività e l'ha anzi estesa in tutto il mondo, con l'aiuto di internet e di collaboratori che ne pubblicizzano le teorie. Si tratta di uno dei guaritori più noti nell'ambiente alternativo del nostro paese e vanta una discreta notorietà anche in altre parti del mondo, soprattutto in America del Sud. Si presenta come acclamato relatore in congressi internazionali di medicina, quando in realtà i convegni che elenca nel suo stesso sito non sono altro che riunioni di guaritori, medici alternativi, ufologi e operatori dell'occulto. In molti di questi casi il congresso viene organizzato da centri estetici o da aziende che producono cosmetici e creme anticellulite. Da un lato «noto» ricercatore e dall'altro boicottato dai «poteri forti», ecco di nuovo il copione della commedia dei medici alternativi.

Simoncini ha teorizzato che la causa unica di tutti i tumori (maligni e benigni) sia la *Candida albicans*, un fungo presente nell'ambiente e anche nel nostro organismo; la candida inoltre provocherebbe anche altre malattie quali il diabete, la psoriasi e la sclerosi multipla. Il fungo si raccoglierebbe in colonie e il tessuto sano lo «incisterebbe» formando delle masse che costituiscono il tumore (che, dunque, avrebbe una zona interna formata dal fungo e una esterna dal tessuto di «reazione»). Da qui il suo slogan, «il cancro è un fungo», che è anche il titolo del suo unico libro. La candida quindi, in effetti, non sarebbe la causa del cancro ma il cancro stesso. Chissà perché Simoncini parte dal presupposto che tutti i tumori siano «masse» o «cisti»: trattandosi di un ex oncologo e diabetologo, dovrebbe conoscere l'esistenza dei tumori del sangue o di altri tipi, che non formano nessuna massa.

Proseguiamo comunque con l'analisi delle sue deliranti teorie. Le metastasi sarebbero colonie di funghi che si staccano da quella principale per essere trasportate a distanza, anche se non è dato sapere come possa una colonia di candida entrare in un vaso sanguigno (che non è certo «bucato» e non presenta vie tali da permettere il passaggio di ammassi di funghi). L'ex medico dichiara di poter guarire con il bicarbonato circa il 90 per cento dei malati. Solo i tumori alle ossa e quelli ematici risponderebbero male alla sua terapia. In diverse occasioni ha affermato di curare in un giorno, o in pochi giorni al massimo, molti tumori maligni; nello stesso tempo confessa «candidamente» (be', mi sembra il minimo nel suo caso) di non essere arrivato alle proprie conclusioni per mezzo di studi o ricerche effettuate su campioni di tessuto o valutazioni statistiche, ma grazie all'osservazione che, a suo dire, tutti i tumori sarebbero bianchi, come la candida. Questa spiegazione disarmante è il primo e unico elemento che gli avrebbe permesso di formulare la sua teoria. Simoncini infatti ha dichiarato di non aver mai cercato la candida nei tumori e d'altronde non ha mai pubblicato dati scientifici o statistici sui risultati ottenuti. Eppure, riflettendoci, sarebbe semplicissimo capire se questa persona ci abbia visto giusto: prendere un microscopio e cercare tracce di candida nei tumori. Purtroppo (ma solo per l'ex medico) nessuno studio ha mai notato una presenza significativa di candida in tessuti neoplastici (l'infezione in certi casi può essere presente già normalmente in tessuti sani e ancora di più in quelli malati, che hanno difese immunitarie scarse). Nulla suggerisce che l'ipotesi sia valida e nessun medico o chirurgo al mondo ha mai notato una cosa del genere, nemmeno Simoncini. Ma allora, come fa questa persona ad avere tanto seguito?

Non si sa; forse però basta la più banale delle spiegazioni: illudere chi cerca speranza porta sempre dei risultati. L'ex medico è vago sugli argomenti che supporterebbero la sua teoria e anche a domande precise (poste ad esempio in occasione di incontri che pubblicizzano la «cura») è molto evasivo, inoltre nega ogni evidenza che smentisce le sue conclusioni. Basterebbe infatti ricordargli come non sia vero che tutti i tumori sono bianchi: il melanoma, ad esempio, è nero. Già il nesso tra il bianco e la candida è molto debole. Non è certo il colore di un tessuto che ci fa scoprire la sua natura, altrimenti le ossa o i denti dovrebbero essere composti da colonie di candida. Nel caso dei tumori, esistono spiegazioni del loro frequente colore chiaro. Nelle masse tumorali compaiono dei fenomeni di necrosi (morte cellulare) e di ischemia (mancato afflusso di sangue), spesso la prima come conseguenza della seconda. Un altro fenomeno tipico è la «colliquazione»: una sorta di degenerazione dovuta proprio ai fenomeni sopra descritti, che rende praticamente liquide alcune zone del tumore. È anche possibile che si verifichi il fenomeno contrario, ovvero la calcificazione: la massa si «solidifica» in alcune zone diventando dura come pietra.

È vero quindi che molti tumori sono bianchi, per il tipo di cellule che li compongono o per uno dei fenomeni descritti, e trovare un cancro bianco è perciò una possibilità spiegabile in tanti modi. In ogni caso l'asserzione che tutti i tumori siano bianchi, oltre che poco corretta dal punto di vista scientifico, non è vera nemmeno in pratica.

Secondo il guaritore, poi, nessun medico e nessun anatomopatologo riesce a vedere la candida in quanto svolgerebbe delle indagini superficiali senza «andare al centro» della massa. Anche questa teoria è infondata. A parte l'esame visivo diretto, che non evidenzia mai la presenza macroscopica (visibile a occhio nudo) della candida, gli anatomopatologi esaminano ogni pezzo istologico (cioè la parte asportata in un intervento chirurgico) in profondità, effettuando delle sezioni che poi studiano al microscopio. Ogni campione operatorio quindi è (deve essere) analizzato a fondo, altrimenti l'esame istologico, oltre che scorretto, non sarebbe esaustivo.

L'analisi al microscopio dei tessuti che compongono un cancro evidenzia sempre e solo cellule neoplastiche e non candida. Quest'ultima può essere presente in quanto reperto aggiuntivo, esattamente come possono esserci batteri, sangue, cellule di vario tipo: ricordiamoci che stiamo parlando di tessuti umani e che questi possono essere colonizzati e contaminati da svariati agenti. Nel caso dei tumori, malattie caratterizzate da un indebolimento delle difese immunitarie, la presenza di batteri o funghi non sarebbe per niente sorprendente.

Le cellule tumorali inoltre non sono «normali», altrimenti un anatomopatologo non potrebbe riconoscerle: hanno caratteristiche particolari, rispondono a stimoli e reazioni specifici e presentano anche modificazioni della struttura. Ogni cellula cancerosa, poi, assume una colorazione particolare a contatto con determinate sostanze e questo permette di distinguere una cellula tumorale da una normale e una cellula tumorale di un tipo da quella di un altro tipo; proprio questa caratteristica è sfruttata negli esami istologici. La stessa cosa vale per la candida, che ha un aspetto riconoscibile e quando presente è facilmente visualizzabile (con un normale microscopio ottico, persino a casa nostra).

La cura per tutti i tumori, sempre secondo l'ex medico romano, sarebbe il bicarbonato di sodio, mentre, per i melanomi cutanei, la tintura di iodio. A questa conclusione sarebbe giunto osservando che il mughetto (infezione provocata dalla candida nel cavo orale) nei bambini viene facilmente risolto con applicazioni di bicarbonato, che avrebbe un effetto «fungicida» (capacità di distruggere le infezioni da funghi). Simoncini non ha mai sperimentato scientificamente questa teoria. Seguendo il suo ragionamento basterebbe dunque impiegare potenti antimicotici invece del debole bicarbonato, ma secondo l'ex medico questi non avrebbero effetto perché «troppo complessi».

L'uso del bicarbonato per la cura dei tumori maligni non è un'idea originale. Attualmente ci si serve di questa sostanza per diminuire alcuni effetti collaterali della chemioterapia e sono stati effettuati numerosi tentativi per un utilizzo più diretto. Si è puntato sul fatto che per motivi metabolici le cellule neoplastiche proliferano in ambiente acido: sfruttando una sostanza basica, dunque, si tenterebbe di rendere l'ambiente sfavorevole alla loro crescita. Si è provato a innalzare sotto controllo medico il pH del sangue (rendendolo ancora più basico di quanto sia nell'uomo in condizioni normali) con i farmaci «inibitori della pompa protonica» (gli stessi impiegati nell'ulcera gastrica), provocando uno stato controllato di alcalosi metabolica con le soluzioni fisiologiche e anche con il bicarbonato. I risultati sono stati molto discordanti: a fronte di diversi insuccessi (con addirittura un aumento della crescita tumorale), i successi sono stati minimi e spesso ricchi di effetti collaterali; comunque, non vi è mai stata nessuna azione diretta sul tumore maligno. Se qualche risultato sembra esserci, è di potenziamento del lavoro dei chemioterapici.

In ogni caso affermare che il bicarbonato possa guarire tutti i tumori (o molti di essi) è, fino a prova contraria, assolutamente falso. Tale sostanza è usata addirittura per favorire la crescita di cellule tumorali in laboratorio, come aggiunta nei terreni di coltura. Sempre secondo l'ex medico romano, però, non sarebbe il pH del bicarbonato a «distruggere» il cancro, ma una sua azione diretta, azione che Simoncini non ha mai spiegato né dimostrato.

Lui dichiara che la scienza conosce la correttezza della sua idea economicamente vantaggiosa, ma non la applica per un complotto mirato a non far perdere alle attuali cure il primato nelle vendite. La teoria non sta in piedi: basterebbe ricordare il premio Nobel assegnato nel 2005 a Barry Marshall, scopritore del batterio che causa l'ulcera gastrica (e il cancro gastrico); egli, andando contro tutte le conoscenze della sua epoca, con i fatti e gli studi ha dimostrato di avere ragione.

Oltre a non aver mai provato il presunto complotto (che risulta oltremodo stupido in quanto gli stessi «complottanti» preferirebbero morire di tumore piuttosto che salvare la gente), Simoncini si contraddice ripetutamente. Sostiene che la scienza non studia il ruolo del bicarbonato nei tumori e poi cita dei lavori scientifici a sostegno delle sue teorie. Afferma che la cura è alla portata di tutti, economica e semplice, ma poi dichiara che nessuno è autorizzato a effettuarla senza la sua supervisione (oltre a chiedere decine di migliaia di euro per le sue «terapie»). Sostiene che la sua terapia è priva di rischi ma asserisce che è necessario inserire dei cateteri direttamente nell'organo da colpire con il bicarbonato (cervello, seno e così via): procedura invasiva, pericolosa e da eseguire in strutture adeguate.

Tullio Simoncini si descrive come un medico che ha abbandonato glorie e successi ottenuti come oncologo per ritrovarsi boicottato ed escluso dalla comunità scientifica per le sue idee. In realtà (lo si evince dal suo curriculum) non è mai stato assunto in un ospedale come oncologo, ma faceva il medico nella commissione invalidi dell'Inps: non certo una posizione da luminare nel campo della lotta ai tumori. Forse proprio il suo fallimento professionale e poi economico lo ha portato sulla pericolosa strada dell'attività di guaritore. Non stupisce quindi che l'atteggiamento di questo pseudoscienziato sia a dir poco discutibile; il suo libro, ad esempio, è edito dalla Lampis Edizioni che ha in catalogo esclusivamente testi dedicati all'occultismo, allo spiritismo, ai guaritori filippini e all'ufologia.

Uno studio molto interessante ha di recente evidenziato che una dieta a base di bicarbonato di sodio (su cavie) fa diminuire le dimensioni e la sopravvivenza di cellule metastatiche (in alcuni tumori) proprio agendo sul pH, ma non ha alcun effetto sulla massa primaria in nessun tipo di neoplasia. Il Cancer Center di Tampa, in Arizona, che sta conducendo la sperimentazione sovvenzionata dalla «costola alternativa» del National Cancer Institute (il Nccam, Centro nazionale per le medicine complementari e alternative statunitense), ha pubblicato una ricerca che evidenzia come le quantità «utili» a ottenere risultati sulle cavie sarebbero pericolose, persino letali, sull'uomo.[1] Tutto ciò a dimostrazione del fatto che l'uso del bicarbonato viene testato da enti ufficiali e pubblici; il Nccam ha addirittura finanziato la costruzione di un macchinario per la precisa valutazione del pH in alcuni tumori, così da sperimentare meglio l'uso della sostanza in associazione ai chemioterapici. Anche chi conduce studi sul pH tumorale, come il professor Mark Pagel, ha sottolineato che essa non può essere considerata un sostituto delle attuali terapie e che possiede effetti collaterali potenzialmente pericolosi.

---

[1] I.F. Robey, B.K. Baggett et al., *Bicarbonate Increases Tumor pH and Inhibits Spontaneous Metastases*, «Cancer Research», 15 marzo 2009.

Il bicarbonato di sodio, a oggi, non ha mai mostrato particolare attività antitumorale diretta e le sue applicazioni nell'ambito della variazione dell'acidità tumorale hanno avuto esiti discordanti e non esaustivi: non vi è quindi alcuna evidenza che possa curare un tumore. Evito di sottolineare i potenziali rischi della sua somministrazione in individui con un organismo indebolito da una grave malattia, prima tra tutte la temibilissima alcalosi metabolica, che è una tipica complicanza diretta delle iniezioni di bicarbonato.

Secondo Simoncini, la propria idea sarebbe scomoda per le industrie farmaceutiche poiché il bicarbonato è una sostanza naturale e quindi non si può brevettare, cosa che ridurrebbe drasticamente i guadagni delle aziende multinazionali. Anche questo è falso. Se è vero, infatti, che non è brevettabile un prodotto esistente in natura, lo è il suo «uso» particolare: non si può depositare il salice, ma il suo uso come antifebbrile sì (vedi Aspirina). Il bicarbonato come anticancro (se realmente funzionante) si potrebbe registrare senza problemi. Vi sono dei farmaci chemioterapici che derivano direttamente dalla «natura», come la Vinblastina® e la Vincristina® (dalla pervinca, un fiore) o il taxolo che deriva dal tasso (un arbusto). Brevettati, venduti, usati anche se «naturali».

Nonostante quanto detto finora, esistono su internet diversi video e pagine web che riportano le testimonianze di persone guarite dal cancro grazie alla cura di Simoncini.

Ho studiato, nei limiti del possibile, tali testimonianze, scartando quelle che non proponevano alcuna documentazione. Ho analizzato i casi, letto i referti, ascoltato le conclusioni e posso affermare che non vi è un solo caso tra quelli presentati in video o nelle pagine del sito che faccia sospettare un effetto positivo sul decorso della malattia da parte del bicarbonato di sodio. In particolare ho notato numerose manipolazioni e omissioni della storia clinica del paziente. Alcune ricostruzioni dimostrano che il bicarbonato non ha avuto alcun ruolo nella guarigione del paziente: dai referti e dai documenti, infatti, emergono dettagli che parlano di precedenti interventi chirurgici o di completa rimozione del tumore e così via. La maggioranza dei casi, invece, è totalmente falsa, come quelli nei quali la storia del paziente è stata stravolta o manipolata: non c'era più o non c'era mai stato un tumore, le relazioni parlano di malattie non tumorali, sono state scambiate Tac o lastre o referti istologici, o ancora i pazienti erano già guariti prima di sottoporsi alle cure di Simoncini. Si tratta di veri e propri imbrogli costruiti ad arte, credibilissimi e apparentemente sinceri, ma che nascondono una realtà diversa da quella presentata.

L'abitudine dell'ex medico romano (e dei suoi sostenitori) di falsificare le storie di chi si rivolge a lui è nota e cronica, addirittura ammessa con tranquillità. Come nel caso di una presunta guarigione da tumore al polmone: il videoperatore che aveva realizzato il fotomontaggio, quando interrogato, ha risposto che lo ha fatto consapevolmente perché aveva la necessità di «rendere più chiara l'immagine». Non è però possibile dimostrare che i testimoni che compaiono nei video di Simoncini siano «attori» o fingano di essere stati malati; con tutta probabilità si tratta di ulteriori vittime inconsapevoli del guaritore.

Di Simoncini si sono occupati, raccontandone le imprese, anche i media italiani, come i programmi televisivi *Striscia la Notizia* e *Mi manda Raitre* (con la testimonianza del figlio di una delle donne morte dopo il trattamento Simoncini), giornali quali il «Corriere della Sera» e «La Stampa», una tv olandese e il quotidiano spagnolo «El Mundo» che ha definito Simoncini «uno di quei ciarlatani che di tanto in tanto saltano fuori con una sciocchezza incredibile in cerca di fama». È proprio questo che bisogna capire prima di lasciarsi suggestionare da promesse miracolose: se una cura risultasse efficace, i medici la utilizzerebbero immediatamente; e quando si sente parlare di «boicottaggio», quando si descrivono veri e propri miracoli o guarigioni impossibili o, peggio ancora, quando chi propone queste soluzioni agisce fuori dall'ambiente scientifico, bisogna fare molta attenzione. Affidare i propri cari a dei guaritori è un insulto non solo alla nostra intelligenza ma anche alla dignità di chi sta male, senza considerare il grandissimo danno economico e le possibili lesioni che queste pseudomedicine possono procurare. Il sentimento che prevale in chi cade vittima di simili «cure» è di grande frustrazione e di profondo pentimento per aver messo nelle mani di gente senza scrupoli la vita di chi si ama; per questo bisogna mantenere la freddezza e non cedere alle sirene della «guarigione sicura» che ci vendono certi individui.

Il siero di Bonifacio

I luoghi comuni, difficili da estirpare, vogliono gli italiani come creduloni e gente superstiziosa. Come abbiamo visto, non sono esclusive dell'Italia, ma da noi è possibile riscontrare quasi una periodicità: ogni quindici-vent'anni circa appare dal nulla un «genio incompreso», qualcuno che annuncia di aver scoperto la cura per tutti i mali o almeno per i peggiori. Ognuno di loro ha lasciato un segno indelebile nella memoria degli italiani, entrando a far parte di un unico fenomeno sociale e storico che muta seguendo lo sviluppo socioculturale della nostra nazione.

Il primo caso di «guaritore nazionale» ben documentato è quello di Liborio Bonifacio, una storia ambientata in un'Italia ancora vittima di analfabetismo e ignoranza cronica.

Liborio era un veterinario originario di Agrigento che esercitava ad Agropoli, in provincia di Salerno. All'inizio degli anni Cinquanta fece un'osservazione: le capre non hanno mai il cancro. Quest'idea lo portò a produrre una sorta di «estratto biologico» derivato dalle capre, composto dalle feci dell'animale (Bonifacio in realtà parlava inizialmente di villi intestinali, ma in un suo libro successivo descrive la procedura parlando proprio di escrementi)[2] mescolate a urina e acqua e il risultato filtrato e sterilizzato. Il veterinario arrivò a concepire il prodotto per l'uso sull'uomo dopo alcuni esperimenti su cavie animali, anche se in seguito si venne a conoscenza di sperimentazioni non autorizzate su esseri umani.

Il liquido finale fu chiamato «siero di Bonifacio».

Da principio l'uomo esercitava la sua attività di «guaritore» presso il proprio domicilio e il malato di cancro doveva iniettarsi la sostanza ogni due giorni. Fu lo stesso Bonifacio ad annunciare i risultati eclatanti su svariati tipi di tumore, e con i primi «successi» iniziarono a conoscersi i particolari della strana cura: se il tumore era un sarcoma bisognava utilizzare feci di animale femmina, se era un carcinoma di un maschio. Bonifacio preparò una sorta di «foglietto illustrativo» con le indicazioni più importanti e con altre strane puntualizzazioni, ad esempio quella che voleva, nell'eventualità che fosse necessario ricorrere a una trasfusione di sangue, l'utilizzo di sangue di uomo in caso di carcinoma e di donna in caso di sarcoma.

In quegli anni l'analfabetismo allignava in molte regioni d'Italia, i mezzi di comunicazione erano limitati e la «scoperta» diventò nota solo dopo diverso tempo, complice il

---

2 Liborio Bonifacio, *La mia cura contro il cancro*, Savelli Editori, Roma 1970.

passaparola: si diceva che nell'entroterra campano c'era un veterinario che curava i tumori. Attorno agli anni Settanta anche i giornali si accorsero di questa storia e quello fu l'inizio della notorietà nazionale (e internazionale, come vedremo). Cominciarono i «viaggi della speranza»: i malati si accalcavano davanti all'abitazione del veterinario, dove ricevevano il siero senza dover pagare, ma lasciando un'offerta libera. Le voci della sua «efficacia» si sparsero come sempre in forma aneddotica: racconti, storie di amici, parenti e conoscenti con l'immancabile gossip che contribuiva a ingigantire il «mistero della cura miracolosa». Nessuna statistica scientifica né evidenza, solo il passaparola, fino al momento dell'esposizione nazionale. Nel 1969 apparve sul mensile «Epoca» un'intervista al veterinario del siero e fu il boom. Nell'articolo venivano descritti undici casi di guarigione: tumori intestinali, della laringe, del pancreas, del retto e dello stomaco. In un solo caso il paziente non era stato sottoposto ad alcuna terapia antineoplastica (radioterapia, chirurgia) prima della somministrazione della cura.

Era l'ipotesi di partenza del veterinario a essere del tutto sbagliata: al contrario di quanto sosteneva, infatti, le capre si ammalano di cancro, con casi descritti nei testi specialistici (anche se è naturalmente difficile farne una statistica accurata: dopo la morte di un animale è molto raro che questo sia sottoposto ad autopsia).

Nel gennaio del 1970, la rivista «Il progresso italo-americano» scriveva che Bonifacio fu costretto a fuggire e a rifugiarsi in una località segreta per evitare le migliaia di richieste che lo assillavano e accadde persino che ignoti s'introdussero in casa sua rubando centinaia di dosi del siero. La folla continuava ad accalcarsi ad Agropoli e furono inviate petizioni al governo, al presidente della Repubblica e persino al papa, fino a quando il ministro della Sanità di allora (Camillo Ripamonti) decise che «il prodotto doveva quindi essere distribuito esclusivamente negli ospedali della provincia di Salerno e sotto la supervisione del medico provinciale, professor Gallo».

Le voci sull'efficacia del prodotto si fecero sempre più pressanti e fomentarono un caso anche politico, occasione di «vetrina» per gente in cerca di voti. Il ministero della Sanità fu praticamente costretto dalla «volontà popolare» a progettare una sperimentazione ufficiale: la gente reclamava a gran voce la cura del cancro gratis per tutti; gli scienziati dell'epoca non davano molto credito al veterinario anche se, sottovoce, qualcuno giurava di aver visto pazienti guarire. La vicenda non fu riportata solo da giornali molto diffusi nel nostro paese ma persino da importanti istituzioni straniere come l'American Cancer Institute, che riunì in un volume centinaia di cure inefficaci per il cancro includendo anche quella di Bonifacio.

Anche per l'organizzazione americana, lo sviluppo e la conclusione dell'ipotesi del veterinario siciliano erano molto deboli e senza alcun valore scientifico. La sperimentazione nazionale comunque fallì: non vi furono risultati nella cura dei tumori e la pratica fu considerata archiviata. Il report della commissione incaricata di sperimentare il siero diceva: «Sul totale dei 16 pazienti trattati, 11 erano donne e 5 uomini. In accordo con le direttive del dottor Bonifacio, 11 di questi pazienti (7 donne e 4 uomini) sono stati trattati con siero M [maschio] perché avevano un cancro epiteliale e i restanti con siero F [femmina] per un cancro di origine connettivale». Erano rappresentati diversi tipi di tumore, da quello uterino, ai melanomi, ai tumori cerebrali. Il trattamento durò dai 23 ai 75 giorni con somministrazione da 14 fino a 44 iniezioni di siero. Un paziente fu ricoverato per 25 giorni subendo 13 iniezioni e, «avendo riferito un peggioramento delle condizioni locali e generali, il trattamento fu sospeso. Quattro pazienti morirono durante il trattamento».[3]

Il giudizio, basato sui test avvenuti dal 18 marzo al 28 maggio 1970, fu di condanna: «In conclusione risulta chiaro che il prodotto in sperimentazione non presenta nessuna azione curativa sul cancro, non cambia la sintomatologia e non esercita effetti benefici sulle condizioni del paziente. Questo verdetto automaticamente esclude la possibilità di sperimentare il prodotto su un gruppo più vasto di pazienti».

La commissione inoltre esaminò 2144 documenti di Bonifacio, che descrivevano altrettanti casi di «guarigione». Non furono considerati adatti nemmeno per una sperimentazione preliminare perché per la maggioranza «privi di diagnosi precisa e di ogni documentazione specifica». Nonostante questo il veterinario continuò caparbiamente a somministrare la sua pozione, e quando la storia pareva ormai conclusa e dimenticata ci fu un colpo di scena. Nel 1980 una coppia di ricercatori siciliani annunciò a un congresso di essere riuscita a migliorare dei tumori in cavie proprio utilizzando il siero di Bonifacio. Gli stessi ricercatori cominciarono a rilasciare interviste a varie emittenti televisive e ad alcuni giornali, tanto da far riesplodere il caso Bonifacio creando malcontento nell'ambiente medico che mal sopportava discussioni sulla salute e sui tumori sbattute sulle pagine di riviste di gossip.

Fu pertanto richiesta una nuova sperimentazione e vi furono anche pressioni da parte di magistrati che ordinarono la distribuzione del prodotto. Era il 19 gennaio 1982 quando fu istituita una nuova commissione. Prima di iniziare la

---

[3] Si veda il sito: onlinelibrary.wiley.com/doi/10.3322/canjclin.21.1.43/pdf.

sperimentazione umana fu predisposta una prova su cavie da compiersi negli Stati Uniti, ma nel maggio del 1982 ci fu un nuovo evento inaspettato: nel corso di una conferenza stampa, Liborio Bonifacio annunciò a tutti il suo ritiro dalla scena. Proteste, manifestazioni, lettere e denunce subissarono ministeri, ospedali e giornali. In molti si sentivano traditi dallo stesso veterinario, che giustificò quella «rinuncia» con i presunti ostacoli, pregiudizi e sbarramenti alla sua sperimentazione. Poco dopo, il 17 marzo 1983, Bonifacio morì. Quella data significò anche la fine definitiva della seconda sperimentazione, mai iniziata.

Risorse statali spese senza motivo, illusioni, promesse mai mantenute, dolore, speranze spezzate... tutto inutile: il figlio continuò a distribuire il siero, dichiarando di farlo come dono ai pellegrini devoti di Padre Pio. Poi, dopo i giorni del delirio nazionale, lentamente tutti si dimenticarono di Bonifacio.

Il caso Di Bella

Leggere sulla «Gazzetta di Modena» il titolo *Mio padre, Luigi Di Bella, ha vinto* mi riporta alla mente i momenti che avevo vissuto subito dopo la mia laurea in Medicina.[4] Di «piccoli» guaritori ne abbiamo visti tanti sul suolo della nostra amata penisola ma uno su tutti ha lasciato un'impronta indelebile.

Questa è la storia, per certi versi sconvolgente, di un medico che illuse l'Italia per mesi e in fondo lo fa ancora.

Luigi Di Bella era un fisiologo nato in provincia di Catania nel 1912 e deceduto a Modena nel 2003. Una discreta

---

[4] A. Di Bella, *Mio padre, Luigi Di Bella, ha vinto*, «Gazzetta di Modena», 21 giugno 2012.

carriera universitaria (fu professore associato) e una vita di studi non lo avevano mai portato alla ribalta come successe attorno alla fine degli anni Novanta, anche se già da vent'anni il medico, nel corso di incontri scientifici, riferiva di una sua intuizione a proposito di certi farmaci efficaci contro alcuni tumori. Si diceva in giro da tempo, quindi, che quest'uomo avesse scoperto una terapia per il cancro efficace e priva di effetti collaterali, che prese il suo nome: «cura Di Bella» o «metodo Di Bella» (Mdb). La voce si sparse velocemente, soprattutto da quando, nel 1998, la stampa e la televisione si accorsero di questo scienziato e delle sue «terapie». In brevissimo tempo il semplice passaparola si trasformò in un delirio collettivo che presto avrebbe portato a conseguenze inimmaginabili. La sua casa fu presa d'assedio, non solo da centinaia di pazienti e famigliari di malati di cancro, ma anche da cronisti e giornalisti in cerca di scoop. L'atteggiamento del medico siciliano ebbe un ruolo fondamentale in tutta la vicenda: egli non chiedeva soldi per le sue consulenze o per seguire le terapie (era prevista un'offerta libera) e aveva un aspetto rassicurante, da nonno sereno e tranquillo; nessuna aggressività né apparente voglia di protagonismo (tipica invece di altri «alternativi»).

La storia fece scalpore in tutta Italia e poi in tutto il mondo: giornali come «Time» o «Newsweek» parlarono del fisiologo in maniera positiva, ma altre testate («Wall Street Journal», «The Guardian») lo paragonarono alle statue della Madonna che piangono, utilizzando anche luoghi comuni sull'Italia credulona e bigotta. Le trasmissioni televisive facevano a gara per ospitarlo, tutti i giornali lo intervistavano, qualcuno parlava di genio incompreso quando ancora, in effetti, l'efficacia delle sue cure non era mai stata dimostrata ma solo raccontata e ingigantita dai mezzi d'informazione.

L'emozione prese così il sopravvento: i cittadini organizzavano raccolte di firme per chiedere la sperimentazione della cura, mentre famosi oncologi lanciavano anatemi pubblici cui Di Bella continuava a rispondere con calma e senza sollevare polemiche. Polemiche, insulti e persino risse invece facevano scontrare le due parti: gli increduli e quelli che avevano fede. Si organizzarono meeting e maratone televisive, alcune fazioni politiche si schierarono apertamente a favore del professore arrivando a rendere ideologico anche un argomento del tutto estraneo alle dinamiche di potere, ma era talmente forte la pressione popolare che probabilmente qualche politico ha pensato di strumentalizzarla. Si mossero individui influenti, ci furono anche magistrati che ordinarono la somministrazione gratuita dei prodotti necessari alla terapia (molto costosi) a chi ne avesse bisogno. Qualcuno cavalcò l'onda dell'entusiasmo e si disse pronto ad andare fino in fondo: la pressione popolare e mediatica aumentava a dismisura e si giunse dove non sembrava possibile.

Il costo dei farmaci del protocollo era molto alto e le famiglie dei malati dovevano sobbarcarsi sacrifici economici enormi per assicurare la cura ai loro cari. Il pretore di Maglie, un paese nel leccese, Carlo Madaro, intimò la fornitura di quei medicinali gratuitamente a un paziente malato e poi di conseguenza a chiunque ne avesse bisogno; questo scatenò ulteriori polemiche (come poteva un rappresentante della legge decidere su un fatto di scienza?) e anche qui si sospettò la strumentalizzazione. Madaro diventò una sorta di eroe che da solo si batteva contro i «potenti» della medicina e sfruttando la popolarità si candidò alle elezioni (perdendole). Ma il caso era ormai esploso e i farmaci che componevano la terapia erano pressoché introvabili; in alcune zone del paese si arrivò addirittura a un mercato nero gestito dalla malavita e i costi, già alti, lievitarono ulteriormente.

Lo scontro si spostò nelle aule di governo finché fu accettato, in maniera del tutto inaspettata, di sperimentare la cura. L'allora ministro della Salute, l'onorevole Rosy Bindi, giustificò con il «volere del popolo» un provvedimento urgente che autorizzava la sperimentazione del protocollo Di Bella. Nonostante non vi fossero documentazioni ufficiali di efficacia, si cominciò a lavorare per sperimentare le cure del professore siciliano e iniziò così una delle pagine più buie della storia scientifica italiana. Una tale mole di energie umane, economiche e sociali non può infatti essere sprecata per qualcosa che non ha alcun fondamento: a prescindere dal risultato finale, prima di mettere in moto una macchina mastodontica come quella della sperimentazione ufficiale, dovrebbe essere presente almeno un elemento sufficientemente valido per ritenere «meritevole d'interesse» una pratica medica non consolidata, altrimenti chiunque abbia in testa «la cura per tutto» avrebbe lo stesso diritto di Di Bella di vedere la propria terapia sperimentata a spese della collettività. Nel caso di Di Bella, l'unico elemento «valido» fu la pressione del popolo (di certo non della maggioranza), ma anche politica.

La sperimentazione, di fase II (quella in cui si stabilisce l'eventuale efficacia di una cura sull'uomo), serviva a valutare se i risultati fossero sufficienti a passare alla fase III, in cui si sarebbe confrontato il Mdb con altri farmaci antineoplastici (quelli tradizionali) per capire se l'effetto fosse superiore ai trattamenti standard. Il processo di sperimentazione fallì: non fu rilevato alcun effetto particolare nei confronti dei tumori e molti dei casi presentarono tossicità, avanzamento della malattia o decesso, e per questo il protocollo fu sospeso.

La sperimentazione nazionale della cura Di Bella iniziò nel marzo del 1998 e coinvolse 1155 pazienti affetti da vari tipi di tumore. Si chiuse nel giugno del 1999 perché la quasi totalità dei malati si era ritirata dallo studio o era deceduta (il 97,5 per cento). Alla fine, i risultati dei test condotti dal ministero della Sanità vennero così riassunti dall'allora ministro, Umberto Veronesi: «Dall'analisi dell'insieme dei 1155 pazienti inclusi negli studi – sperimentali (386 pazienti) e osservazionali (769 pazienti) – non emerge alcuna evidenza che il trattamento Mdb sia dotato di una qualche attività antitumorale d'interesse clinico».[5] Poi il ministro puntualizzò: «In nessuno dei 1155 pazienti inclusi nella sperimentazione si è osservata una risposta obiettiva completa (scomparsa delle masse tumorali). Una risposta obiettiva parziale (riduzione di almeno il 50 per cento delle lesioni tumorali) si è osservata in soli 3 (0,8 per cento) dei 386 pazienti inclusi negli studi sperimentali».

Pochi sanno che fu intrapresa anche una serie di test indipendenti dalla regione Lombardia (che diedero gli stessi risultati di quelli nazionali) e furono analizzate anche le cartelle cliniche presenti nell'archivio personale del professore, dalle quali emergeva assoluta inattività antitumorale della cura. Fu quindi stabilita l'inefficacia del metodo e l'implausibilità del passaggio a una fase successiva.

La delusione per l'esito dell'esperimento fu cocente e, dopo un iniziale disorientamento, il gruppo Di Bella tornò all'attacco accusando gli sperimentatori di non aver agito con correttezza. In particolare si faceva riferimento al fatto che erano stati utilizzati dei prodotti scaduti e che molti dei farmaci somministrati contenevano impurità, prime tra tutte tracce di acetone, prodotto tossico che avrebbe

---

[5] Risposta all'interrogazione parlamentare n. 4-25267, consultabile al sito: documenti.camera.it/leg17/odg/assemblea/xhtml/2013/11/08/20131108.html.

falsato i risultati dei protocolli. La presenza di confezioni scadute fu certificata da un'ispezione del Nas (il Nucleo antisofisticazione dei carabinieri), che segnalò l'accaduto a diverse procure. Questi nuovi dubbi furono argomento d'interrogazioni parlamentari e di altre polemiche. I sostenitori del Mdb continuavano a credere nell'efficacia della cura, accusando gli sperimentatori di complottare per demolirla; chi aveva eseguito i test si difendeva affermando che il protocollo era stato condotto sotto il diretto controllo del professore e che il materiale utilizzato era stato preparato seguendo le sue indicazioni.

Per quanto riguarda l'acetone, le quantità rinvenute nei flaconi erano minime, quelle che restano come residuo della lavorazione anche se effettuata con metodi raffinatissimi, e in ogni caso l'acetone non è un composto tossico, rappresentando un pericolo solo in dosi relativamente elevate (la quantità di un intero flacone da 500 millilitri è quella considerata letale). La scadenza dei farmaci, certificata dalle forze dell'ordine, era reale ma non costituiva un problema per l'azione dei prodotti. La data di scadenza infatti era stata apposta come obbligo di legge (tutti i farmaci devono averne una prefissata) ma la soluzione ai retinoidi «scaduta» era altamente stabile, anche mesi dopo tale limite temporale, come confermato prima dallo stesso professor Di Bella e poi (nel forum che gestiscono) dai suoi figli.

Insomma, tutte le scuse accampate a posteriori sembrano proprio dei falsi problemi (come accertato d'altronde dalla magistratura). Dopo qualche mese di contrasti il clamore cominciò a spegnersi e oggi si assiste ancora alla somministrazione del Mdb in maniera legale (uno dei figli di Luigi Di Bella, Giuseppe, è medico), sebbene non sia riconosciuto dalla medicina come trattamento efficace, e quindi andando contro almeno al codice deontologico professionale che proibisce la prescrizione di cure non scientificamente provate. Oggi le redini del gruppo Di Bella sono tenute dai figli del defunto professore, che hanno fondato anche un'associazione e un sito internet per mantenere i contatti con i seguaci della terapia.

Il cosiddetto metodo Di Bella è costituito da un cocktail di farmaci e vitamine che, secondo quanto dichiarato da chi lo aveva inventato, era capace di curare i tumori maligni senza particolari effetti collaterali. Pochi sanno che, oltre all'utilizzo come terapia anticancro, il gruppo ora afferma di potervi curare anche altre malattie quali l'epatite C, la psoriasi, la sclerosi multipla e il morbo di Crohn, accanto a svariate patologie autoimmuni e neurologiche: insomma, una panacea. La composizione del Mdb è spiegata nello stesso sito ufficiale curato dai figli del medico: «Il cocktail che compone questo metodo è composto da somatostatina, inibitori della prolattina e degli estrogeni, melatonina [prolattina, estrogeni e melatonina sono ormoni], retinoidi, vitamina E, D3, vitamina C, calcio e chemioterapici».

Alcune delle sostanze che compongono il trattamento hanno mostrato, in via sperimentale e sull'uomo, una certa attività antitumorale, altre sono correntemente utilizzate in oncologia (ad esempio il chemioterapico e la somatostatina nei tumori neuroendocrini e con positività dei recettori per questa sostanza o gli antiormonali nei tumori di tipo endocrino, come quello della prostata o della mammella). Il limite del cocktail è che non sono mai stati dimostrati benefici per «l'insieme» delle sostanze, non vi è prova cioè che le singole molecole, somministrate assieme, abbiano un particolare effetto contro i tumori. Una sostanza che potenzialmente possiede poteri antitumorali può non avere effetto all'atto pratico, oppure può averlo solo in associazione ai chemioterapici ed essere poco efficace da sola: è a questo che servono le ricerche scientifiche. Alcune delle sostanze somministrate, infatti, intervengono direttamente nei processi di differenziazione e crescita cellulare, che è uno degli aspetti più difficili da interpretare quando si parla di tumore. Gli estrogeni, la prolattina, la melatonina svolgono un ruolo nello sviluppo delle cellule, nelle loro divisioni e nella loro morte (che si chiama apoptosi). Stesso discorso per la somatostatina, che ha la capacità di regolare la crescita cellulare. Le vitamine contenute nel cocktail avrebbero lo scopo di rafforzare l'azione delle altre sostanze. Vi è anche la presenza di un chemioterapico (di solito la ciclofosfamide) già normalmente impiegato in oncologia alle stesse dosi usate in questa pseudocura.

Il metodo presenta inoltre diverse contraddizioni: si somministra somatostatina, che inibisce l'ormone della crescita (GH), e contemporaneamente melatonina che stimola la produzione di questo ormone. Si proibisce l'uso di chemioterapici ma si somministra un chemioterapico allo stesso dosaggio utilizzato normalmente. Si sconsiglia di seguire le cure standard, ma sono rarissimi i casi di pazienti che si sottopongono solo alle terapie del gruppo Di Bella, e capita anche di conoscere pazienti che assieme al metodo si vedono prescritte le normali terapie oncologiche.

Il metodo, secondo chi lo applica, deve essere seguito in maniera scrupolosa, le medicine necessarie devono essere acquistate da una (a volte due) farmacie «autorizzate» (che sarebbero le uniche capaci di prepararle nel migliore dei modi); nessun medico, tranne Di Bella e pochi altri, conoscono la corretta composizione della cura. Sembrano quasi le disposizioni per compiere il rito della preparazione di una pozione magica: se un insieme di farmaci funziona, non sarà certo la prescrizione di un medico non autorizzato o una preparazione non perfetta ad annullarne gli effetti.

I presunti dati positivi ufficiali, e pubblicati su riviste scientifiche, forniti dal gruppo Di Bella provengono da pochissimi casi. Tutti gli altri risultati non sono stati dimostrati, e ciò che abbiamo è solo una serie di racconti e testimonianze aneddotiche o divulgate da altri medici. Sono riportate persino diverse dichiarazioni (che poi si rinvengono anche in altri siti internet dedicati alla cura) di presunta guarigione totale da tumori (anche in fasi avanzate o in forme molto gravi). Tali testimonianze sono formulate nel più tipico stile di quelle di ogni cura alternativa: mancanza di referti e di diagnosi istologica, carenze nella storia del paziente, assenza di dati sul lungo termine. Un elenco di aneddoti non credibili e spesso pesantemente lacunosi. Alcune delle affermazioni spontanee di guarigione dimostrano come il Mdb non abbia alcun effetto particolare, poiché sono proprio i testimoni a rivelare di aver già subito un intervento o di ricorrere a cure standard; in alcuni casi si definiscono tumori maligni malattie che invece non hanno alcuna malignità e il sospetto di una manipolazione dei dati presentati quindi è molto forte.

Provoca sconcerto scoprire che molte delle testimonianze sono del tutto false e la gravità di questo fattore è ancora più preoccupante quando la storia è raccontata da medici. La quasi totalità delle ricerche, persino quelle provenienti direttamente dal gruppo Di Bella o da medici che applicano il Mdb, non parla di «guarigione» o «remissione» della malattia, ma di miglioramento dei sintomi, di buona qualità della vita o di scarsi effetti collaterali. I dati scientifici a disposizione, insomma, vengono pubblicizzati dal gruppo Di Bella come eclatanti o evidenti quando in realtà sono molto confusi e non dimostrano in alcun modo i risultati brillanti che si immaginano ascoltando le dichiarazioni dei «dibelliani». Di esempi ne esistono in abbondanza, come il caso pubblicato su una rivista scientifica (non molto prestigiosa, a dire la verità) da Giuseppe Di Bella, che descrive la remissione di tumore all'esofago.

Leggendo l'abstract dello studio, sembra di capire che il Mdb abbia guarito un tumore inoperabile senza l'intervento di altra terapia.[6] Controllando però l'intero resoconto, si scopre che il paziente aveva effettuato chemioterapia, e questa già da sola aveva ridotto del 50 per cento la massa tumorale. È sicuramente fuorviante quindi la descrizione del caso, che già dal titolo (*Di Bella: risposta completa e oggettiva di un carcinoma squamocellulare esofageo al trattamento biologico*, tradotto dall'inglese) fa pensare alla guarigione evidente e completa di un tumore all'esofago quando, semplicemente leggendo le parole dello stesso Giuseppe Di Bella, chemioterapia e radioterapia avevano già ridotto della metà le dimensioni del tumore e niente esclude che abbiano proseguito nel loro effetto. Di Bella però, nel suo sito, sostiene che il paziente non aveva eseguito alcuna terapia.

Dunque nemmeno il gruppo Di Bella è stato capace di offrire all'analisi della comunità scientifica dei dati che facessero sospettare gli effetti positivi tanto reclamizzati a parole; ma, nonostante questo, molte persone continuavano (e continuano) a rivolgersi a loro per curare il proprio problema di salute, con l'effetto collaterale di una notevole perdita economica e illudendosi di sottoporsi a una terapia, sottraendosi però di fatto ai trattamenti sperimentati. Spesso si tratta di persone disperate che le provano tutte e rifiutano le cure scientifiche per lanciarsi in questa avventura inutile incoraggiati dai sostenitori della cura.

---

6 G. Di Bella, M. Madarena, *Complete Objective Response of Oesophageal Squamocellular Carcinoma to Biological Treatment*, «Neuroendocrinology Letters», 26 novembre 2009.

Proprio per l'elevato costo del Mdb furono diverse le richieste di fornitura gratuita dei farmaci e si arrivò persino allo scontro in tribunale. In particolare, la Pretura di Maglie (in provincia di Lecce), cui abbiamo già accennato prima, avviò un'inchiesta per decidere se rendere disponibili gratuitamente questi prodotti e richiese una perizia sulle cartelle cliniche di persone che si dicevano guarite o migliorate per merito del Mdb. Un collegio di periti (tre medici) esaminò la documentazione e stabilì che, visto l'evidente effetto positivo della cura e il miglioramento sia dei sintomi sia della sopravvivenza dei pazienti, fosse necessario favorire il rimborso dei costi di quei medicinali. La perizia, poi commentata dal tribunale, è stata effettuata dai dottori Enrico D'Ambrosio, Fernando Lupo e Massimo Montinari (quest'ultimo, per la cronaca, è un medico della polizia che sostiene di curare l'autismo con l'omotossicologia, terapia alternativa derivata dall'omeopatia) e consta di ventiquattro pagine nelle quali vengono analizzate duecentotré cartelle cliniche pervenute alla pretura.

Per l'esame riassuntivo dei dati clinici dei pazienti sono state utilizzate delle tabelle, in cui sono riportati in bianco i casi standard, evidenziati in giallo quelli definiti «rilevanti» e in azzurro i «particolarmente rilevanti». Alla luce di questa suddivisione, poi determinante per il giudizio finale, ci si aspetterebbe che un caso «rilevante» dimostri un effetto positivo del Mdb su un tumore maligno. Ancora di più quelli definiti «particolarmente rilevanti», nei quali il Mdb dovrebbe aver avuto un effetto decisivo, se non di guarigione completa. Ma non è così. Tra i «particolarmente rilevanti» sono classificati pazienti che avevano effettuato chemioterapia o radioterapia (è scritto nero su bianco dagli stessi periti!), certe volte si parla di miglioramento di «presunte metastasi» (i periti cioè non sapevano nemmeno se la lesione studiata fosse tumorale o meno) e altrove è addirittura descritta una progressione della malattia (sempre nei casi «a favore» del metodo), o ancora solo una stabilizzazione dopo quattro mesi (i calcoli sulla sopravvivenza devono essere fatti in un periodo più lungo, di norma cinque anni). Vi sono dati, inclusi nella casistica «particolarmente rilevante» a favore del metodo Di Bella, che lasciano stupefatti per l'assoluta mancanza di ragionevolezza. Ad esempio, un caso di meningioma (un tumore al cervello) descritto in miglioramento clinico con un'aggiunta posta dagli stessi periti: il beneficio potrebbe essere dovuto al drenaggio (si tratta di rimozione di materiale organico, che può provocare disturbi anche importanti). Il metodo Di Bella quindi non avrebbe avuto alcun ruolo. Oppure un caso (si tratta di un tumore mammario inserito nella lista degli esempi «particolarmente rilevanti») così descritto: «Stabilizzazione dei referti iconografici [gli esami radiologici] verosimilmente dovuta alle precedenti terapie (chemio, radioterapia, ormonoterapia)».

Non è incredibile? Gli stessi periti rilevano che la stabilizzazione della malattia è dovuta con ogni probabilità alle cure standard, eppure inseriscono la vicenda come dimostrazione di efficacia della cura che stanno esaminando. In tutti i casi selezionati inoltre manca un «follow up», ovvero un controllo del paziente dopo un periodo di tempo attendibile (un miglioramento dopo un mese non ha praticamente alcun significato), e non c'è traccia degli esami istologici. Insomma, una vera e propria accozzaglia, un insieme di esempi riuniti senza logica né alcun valore clinico o statistico. In conformità a tale (pessima) perizia, il pretore di Maglie decise che il metodo Di Bella era efficace e quindi doveva essere rimborsato (con soldi pubblici) a chiunque volesse seguirlo. Fu questa, in sintesi, la stortura che rese possibile lo sperpero di tantissime risorse pubbliche, un vero e proprio «inno all'ignoranza» nazionale.

L'insieme dei dati finali, quindi, non solo non avalla la tesi di una certa efficacia del Mdb, ma addirittura getta sullo stesso dottor Di Bella un'ombra. L'aspetto del professore e il suo atteggiamento, infatti, lo avevano fatto apparire come uno scienziato in buona fede, che poteva pure aver sbagliato nella sua intuizione, ma avrebbe dovuto arrendersi davanti all'evidenza negativa. La sua insistenza e la sua assoluta sicurezza, invece, si scontrano con i dati che vi ho brevemente illustrato. I figli del medico non migliorano la situazione. Alla domanda sul perché mancassero studi seri e statistiche accurate, hanno replicato (nel loro forum online) che non ha alcun valore una scrupolosa compilazione statistica dei dati (testuale: «Lascia il tempo che trova»), una risposta evidentemente evasiva che contrasta con la richiesta di una raccolta fondi per acquistare un «software per catalogare i dati». Nonostante tutto ancora oggi esistono persone convinte che la loro malattia sia stata curata con il metodo alternativo e la loro testimonianza è sfruttata come esca per altre persone bisognose di terapie.

Ho provato a contattare pazienti che si dichiaravano «curati» dal Mdb chiedendo loro la documentazione che proverebbe questi miglioramenti, ma nessuno ha saputo fornirmela. Ho scritto a Giuseppe Di Bella esortandolo a farmi avere le cartelle cliniche di casi che egli stesso ritenesse meritevoli di interesse: non mi ha inviato nulla se non alcuni dépliant di congressi e altre pubblicazioni che già conoscevo. A tal proposito, i sostenitori del metodo si riferiscono spesso all'esistenza di studi che proverebbero l'efficacia della cura. Giuseppe Di Bella ha pubblicato le sue statistiche (che, come ho già detto, sono tutto fuorché accurate) su una rivista dallo scarsissimo valore scientifico, del cui board editoriale egli stesso fa parte e che ha pubblicato addirittura un omaggio al professor Luigi Di Bella, come se si trattasse di un grande scienziato.[7] Credo sia abbastanza palese che questo tipo di documenti non abbia praticamente alcuna valenza scientifica attendibile. I dati di cui disponiamo rimarcano come la sperimentazione ufficiale (e anche le altre analisi) abbia definitivamente bocciato questa pseudocura e come nessuno, nemmeno i Di Bella, abbiano mai dimostrato in qualche modo di avere ragione.

Alla morte dell'ex fisiologo di provincia, di lui non resta granché: il «Los Angeles Times» gli dedicò un trafiletto definendolo «l'inventore di una cura ciarlatanesca» e il clamore finì per sempre lasciando uno strascico di speranze infrante e denaro sprecato. È questo il vero rammarico: l'illusione venduta a migliaia di persone, i soldi spesi, la fatica sprecata... Una storia che, come abbiamo visto, si ripete con frequenza.

Le staminali miracolose

Una serata qualsiasi, in un freddo giorno d'inverno; sono sdraiato sul divano a guardare un programma televisivo. Parlano di una bambina affetta da una gravissima malattia neurodegenerativa che non permette una lunga aspettativa di vita e deteriora le funzioni fondamentali giorno dopo giorno. Quella bimba, secondo i suoi genitori, stava seguendo una terapia a base di cellule staminali grazie alla

---

7 La rivista sulla quale sono pubblicati quasi tutti gli studi di Giuseppe Di Bella («Neuroendocrinology Letters») ha un «impact factor» di 1 (o meno, secondo altre fonti), ovvero risibile. L'impact factor è una sorta di giudizio di attendibilità che viene assegnato con un punteggio alle riviste scientifiche. Le riviste mediche di altissimo prestigio hanno un i.f. di 30 e oltre.

quale sembrava che le sue condizioni migliorassero. Il servizio televisivo si batte perché quella cura, nel frattempo interrotta per un'indagine giudiziaria, venga ripresa, così da salvare la vita alla piccola.

Inizia tutto così, con un filmato in uno show di intrattenimento, uno dei fenomeni più recenti di «pseudocure» che molti hanno paragonato al «caso Di Bella». Alla vista di quella bambina sofferente, della disperazione di quei genitori, sentendo parole come «speranza», «cura», «salvezza», credo nessuno sia riuscito a trattenere un groppo in gola. Chi non farebbe il possibile per aiutare una creaturina e una famiglia in quelle condizioni? Nei giorni successivi scoppia la polemica: molti cittadini chiedono che la bimba possa proseguire la sua terapia, si espongono persino celebrità del mondo dello spettacolo e del cinema con corollario di manifestazioni pubbliche e appelli alle autorità. Sembra una storia come tante, ma approfondendo si scoprono cose interessanti. Ma prima dobbiamo spiegare in maniera semplice di che cosa stiamo parlando.

Le cellule staminali sono le «progenitrici» delle cellule del nostro corpo. Ne esistono di diverse tipologie: alcune riescono, durante il loro sviluppo, a trasformarsi in cellule di qualsiasi tipo, così da creare organi e tessuti, altre sono già «specializzate» alla nascita, altre ancora (e questa è una scoperta recente) possono addirittura essere «guidate» nel loro sviluppo, così da divenire cellule utili a curare alcune malattie. Un cuore colpito da infarto, ad esempio, potrebbe essere riparato impiantando delle staminali trasformate in cellule cardiache, così come in presenza di un tumore del sangue potremmo sostituire le cellule malate con cellule sane create *ad hoc*.

Per questo motivo la ricerca in merito è considerata una delle frontiere più promettenti per il futuro. Gli esperimenti attuali mostrano come le staminali siano efficaci su alcune patologie o possano rallentare la progressione di malattie neurodegenerative se diagnosticate in fase «presintomatica» (ovvero quando ancora non sono presenti i segni del male, che a quel punto è irreversibile). Ecco perché sono tantissimi i centri di ricerca di tutto il mondo che si occupano di staminali, con un limite rappresentato dai costi altissimi della ricerca (anche la preparazione delle cellule è molto costosa e complicata) e dalla lentezza degli studi: il primo problema da superare è escludere la pericolosità di queste cellule (che potendosi trasformare, una volta adulte, potrebbero diventare persino tumorali). Qualche risultato è stato ottenuto, ma siamo pur sempre nelle fasi sperimentali e sicuramente non si può affermare che si è trovata la cura definitiva per una delle gravi malattie genetiche di cui parlava il servizio televisivo. Ma torniamo alla vicenda mediatica.

Approfondendo la storia si scopre che la presunta cura miracolosa è stata scoperta da un docente universitario torinese, già al centro delle cronache per diverse vicende giudiziarie. Il suo nome è Davide Vannoni e in passato era il proprietario di un call center che si occupava di marketing. Vannoni stesso ha raccontato di essere stato colpito da una paralisi facciale e, rivoltosi a un centro ucraino che somministrava staminali, aveva risolto parzialmente il suo problema. L'uomo aveva pertanto pensato di portare quella metodica in Italia per offrirla nella nostra nazione. Dopo aver tentato di fornire la cura in centri privati (a San Marino, ad esempio), ha ottenuto l'autorizzazione per lavorare presso l'azienda ospedaliera Spedali Civili di Brescia (una struttura pubblica, quindi), sfruttando una legge che permette di somministrare «cure compassionevoli» per malattie che non hanno alternative terapeutiche.

Qui iniziano le prime stranezze: per essere somministrate come compassionevoli, le terapie devono aver dimostrato almeno una minima efficacia scientificamente accettabile, anche se il farmaco non ha concluso l'iter sperimentale e non è stato ancora approvato tramite studi e ricerche; deve essere quindi evidente che si stia proponendo qualcosa che ottenga anche solo un piccolo beneficio e non sia pericoloso. Questo per la «cura» proposta da Vannoni non è mai accaduto (non esiste studio scientifico sul suo «metodo», il professore non ha mai pubblicato ricerche o statistiche, non vi è alcun documento ufficiale che dimostri miglioramenti derivanti dalla terapia). Qualcuno sussurra di forti pressioni e di rappresentanti politici che si sarebbero assicurati la cura per la loro malattia, di sovvenzioni ottenute in maniera poco limpida (e anche questo è oggetto di indagini da parte della magistratura); insomma, la situazione non è affatto chiara. Ma non finisce qui. Quando qualcuno chiede a Vannoni di mostrare nel dettaglio la propria terapia, l'uomo si rifiuta, rimandando a una ricerca su internet: secondo lui ne esisterebbero i brevetti (realizzati per non permettere ad altri di lucrare sulla cura che lui cederebbe gratuitamente) e quindi il metodo sarebbe pubblicamente consultabile, evitando così anche le mire «poco nobili» delle aziende farmaceutiche.

Sorpresa: non esiste in realtà alcun brevetto, ma solo delle domande inviate all'apposito ufficio statunitense che però ha respinto le richieste perché contenenti ovvietà (cioè non «scoprivano» nulla di nuovo) e descrizioni superficiali e non esaustive.

Altra sorpresa. Si scopre che le immagini contenute nelle domande di brevetto non erano state ottenute da Vannoni con il suo metodo ma riprese da due ricerche ucraine di molti anni prima; in pratica non esistevano testimonianze fotografiche dei presunti risultati del trattamento. Vannoni risponde che quelle immagini sono il frutto della collaborazione della sua onlus con un team ucraino, lo stesso che lo ha aiutato a scoprire la cura, ma anche qui arriva una smentita: la ricercatrice autrice delle fotografie sostiene che a quei tempi non conosceva Vannoni e in ogni caso non lo ha autorizzato a usare il proprio materiale.[8]

Una serie di colpi di scena quindi, ma che non impediscono a Vannoni di arrivare dove non si credeva fosse possibile, nonostante non esista una sola persona guarita o chiaramente migliorata grazie alla sua presunta cura. Il governo, spinto soprattutto da un'opinione pubblica sempre più pressante, acconsente (tra le proteste del mondo scientifico italiano e internazionale) a sperimentare il «metodo Vannoni» stanziando tre milioni di euro e nominando un pool di esperti che controlleranno e valuteranno gli effetti della terapia.

A questo punto l'atteggiamento di Vannoni e del suo socio, il dottor Marino Andolina, medico che con Vannoni ha fondato la onlus chiamata Stamina, cambia di nuovo. Dalle iniziali affermazioni altisonanti di effetti veloci, evidenti e documentati su malattie giudicate inguaribili, si passa alle dichiarazioni aggressive nei confronti del ministero della Salute e della commissione di controllo, con accuse gravissime (addirittura di «omicidio di Stato»). Andolina, dopo aver pubblicizzato i presunti rapidi e palesi risultati della cura in televisione, tramite un video di pochi minuti dichiara che per la Sma1 (atrofia muscolare spinale di tipo 1) non basterebbero i diciotto mesi di sperimentazione a valutare gli effetti delle infusioni di staminali e che nemmeno gli strumenti diagnostici attuali riuscirebbero a determinare i

---

8 C. Tognaccini, *Stamina, «Vannoni ha preso le foto dai miei studi»*, consultabile al sito: www.linkiesta.it/denuncia-metodo-stamina.

progressi terapeutici. Nel frattempo si costituiscono comitati spontanei, onlus di sostegno, associazioni di cittadini; tutti fanno appelli, raccolgono donazioni, realizzano collette per non meglio definite azioni di supporto a Stamina. Vannoni, dopo aver accusato le case farmaceutiche di voler boicottare la propria terapia (notate come questo sia un tormentone di chi propone cure «miracolose»), stipula un accordo proprio con una di esse, la Medestea, nota per i suoi prodotti di bellezza e dimagranti. Questa assicura un finanziamento per proseguire le attività con le staminali e, a proposito del trattamento, scrive nel suo sito: «È di gran lunga il progetto con il più alto potenziale d'affari». Vannoni, dopo l'estate del 2013, dichiara: «La sperimentazione è inutile».[9]

Una situazione, come si vede, che non ha nulla di scientifico o di ragionevole e che esemplifica come i media e la pubblicità televisiva possano pesantemente condizionare l'opinione pubblica. Si è arrivati a giudicare «credibile» (e meritevole di una sperimentazione pubblica!) una presunta cura che non ha mai dimostrato di curare nessuno, che non è mai stata provata, di cui non si conosce nemmeno la composizione. Un'ispezione dei carabinieri del Nas nei laboratori bresciani in cui si infondono le cellule staminali riscontra addirittura pesantissimi deficit sanitari, contaminazione dei campioni con sporcizia e sangue; le cellule somministrate ai pazienti sono in quantità irrisoria e mantengono le loro proprietà per pochissime ore. Insomma, una vera e propria finta cura: i presunti miglioramenti non solo non sono mai stati dimostrati ma in certi casi sono addirittura smentiti (una bambina in gravi condizioni che Vannoni aveva dichiarato migliorata in realtà non aveva avuto alcun

---

[9] *Stamina, Vannoni attacca il governo: «La sperimentazione sarà inutile»*, versione online del «Corriere della Sera», 26 agosto 2013.

beneficio dalle cure, come sostenuto dal medico che l'aveva seguita per anni).[10]

Dopo continui rinvii (la sperimentazione dovrebbe iniziare il 1° luglio 2013 ma Vannoni consegna il protocollo soltanto il 1° agosto), la commissione scientifica, formata dai maggiori esperti del campo in Italia con la presenza di un'associazione di malati e un giurista, decide di dare parere negativo alla sperimentazione della tecnica perché è presentata in maniera vaga, non si forniscono informazioni precise su cosa venga iniettato e non ci sono evidenze di innovazione, per non parlare del fatto che intere parti del protocollo sarebbero addirittura copiate dall'enciclopedia online Wikipedia, un lavoro scientificamente inconsistente insomma.[11] Anche l'analisi della documentazione e delle cartelle cliniche dei pazienti in trattamento non mostra alcun miglioramento medico: parola del ministro della Salute Beatrice Lorenzin e del comitato che lei stessa ha nominato. Insomma, quello che già si immaginava è diventato ufficiale dopo l'analisi degli esperti.

Naturalmente a questa decisione seguono nuove polemiche, manifestazioni di piazza, proteste anche molto violente nei confronti dei protagonisti politici e scientifici di questa storia, e Vannoni dichiara di voler proseguire le sue «terapie» all'estero. Non si capisce bene perché (o lo si capisce benissimo, dipende dai punti di vista) l'uomo protesti per la bocciatura della sperimentazione del suo metodo se egli stesso ha dichiarato più volte che sarebbe stata inutile (in quanto la ridotta durata dei test non avrebbe evidenziato

---

[10] M. Bocci, *Stamina, ancora tensioni sul via alla sperimentazione*, «la Repubblica», 29 agosto 2013.

[11] Si veda il sito: bocci.blogautore.repubblica.it/2013/11/22/stamina-e-quella-fonte-poco-originale-wikipedia/.

nessun miglioramento apprezzabile) e uno spreco di denaro pubblico, ma a questo punto il professore di Psicologia sembra aver scoperto le sue carte. La casa farmaceutica che ha acquistato i diritti di sfruttamento della «metodica Stamina» annuncia di voler approntare delle cliniche in terra straniera, nelle quali la cura sarà somministrata a pagamento; solo una parte dei pazienti, a detta del patron dell'azienda, avrà il trattamento gratis.[12] Un copione già visto, un finale per niente a sorpresa, liti e polemiche e in mezzo centinaia di malati che, disorientati e usati come ostaggi, ne pagano come spesso accade le conseguenze, lasciandosi catturare dalle emozioni (i bambini ammalati inteneriscono chiunque) senza pensare che le autorità fanno solo il loro dovere per proteggere i più deboli da false promesse e cure pericolose.

Ora il Tar del Lazio sembra riaprire le porte alla sperimentazione. Se questa volta dovesse andar bene? Una bellissima notizia per chi soffre di gravi malattie, ma non cambierebbe nulla sull'approccio non corretto di Vannoni alla vicenda e sul ruolo dei media.

E se invece dovesse andare male? Sarebbe l'ennesima prova che non sappiamo trarre insegnamento dai nostri errori passati. Come già avvenuto, crediamo molto di più alla «pubblicità» colorata e chiassosa piuttosto che alla lunga e costosa ricerca; forse è inevitabile o forse è un modo per illuderci che lì fuori esista qualcosa che riuscirà a salvarci, nonostante sembri impossibile.

---

[12] Intervista consultabile al sito: www.aboutpharma.com/news/medicina-e-salute/medestea-non-solo-staminali/.

Finte guarigioni all'estero

Il tunnel oscuro delle medicine dolci

Recentemente, negli Stati Uniti, un uomo si è rivolto a un chiropratico (si occupa di disturbi ossei e articolari unendo le manipolazioni a uno stile di vita particolare, una pratica che non è considerata scientificamente attendibile) per un problema alle vertebre cervicali. Il suo terzo appuntamento con il terapeuta è stato fatale: le manipolazioni hanno causato una quadriplegia (paralisi dei quattro arti) e l'uomo è finito in sedia a rotelle per sempre.[1]

Mai quindi pensare: «Che male vuoi che faccia?». Le medicine alternative servono solo a curare «la psiche» di chi non riesce a sostenere il piccolo peso dei malanni di stagione? Purtroppo non è detto che chi vende queste cure le proponga solo per piccole cose e chi le acquisti le usi per farsi forza. La pozione magica per tutte le malattie, anche le più gravi, è sempre esistita, ma con l'avvento di internet il fenomeno è in preoccupante aumento e sono

---

[1] Si veda in merito: N.E. Epstein, C.L. Forte Esq, *Medicolegal Corner: Quadriplegia Following Chiropractic Manipulation*, «Surgical Neurology International», 28 maggio 2013, consultabile al sito: www.ncbi.nlm.nih.gov/pubmed/23878767.

sempre di più le persone che abbandonano o rifiutano le cure efficaci per lanciarsi in un salto nel vuoto, anche in caso di malattie gravissime.

Come abbiamo già visto, alcune pratiche alternative affermano di poter curare il cancro. Entrare in questo ambito è come attraversare un tunnel oscuro. Le medicine «dolci» e quelle che parlano di «saggezza popolare» lasciano in tale campo il posto alla ciarlataneria più violenta, disumana e spietata. Una malattia così devastante e diffusa come il tumore maligno attira le occhiate languide dei guaritori per due semplici motivi: è una delle poche che non hanno una cura definitiva, e la sua ricerca disperata condiziona moltissimo la capacità critica degli ammalati. Non è esagerato affermare che quando si lotta contro il cancro si è disposti a tutto pur di avere una speranza di cura. Per questo motivo il settore di tali terapie è affollato di veri e propri avvoltoi pronti a piombare sulla preda. Puntano in alto: guarigione sicura, indolore, semplice ed economica. E per ottenere i loro obiettivi manipolano le speranze di chi è malato.

Le cure alternative per il cancro sono centinaia, qualcuno ha tentato di fare una stima e sembra che nel corso degli anni siano stati proposti più di ottocento trattamenti non scientifici e tutti affermavano di avere successo nella quasi totalità dei casi. Non è strano trovare percentuali di guarigione del 99 o del 90 per cento, perché l'impostore lascia sempre uno spazio per giustificare il suo insuccesso: quando la cura non sortirà alcun effetto (come accade sempre), potrà dire che lo sfortunato apparteneva a quell'esiguo, ma presente, 1 o 10 per cento dei casi irrisolvibili. Un'altra scusa ricorrente è che il paziente non ha saputo seguire correttamente le prescrizioni e quindi la colpa del fallimento è tutta sua e dei suoi famigliari. Semplice e crudele nello stesso tempo.

Le terapie anticancro non provate e non scientifiche sono talmente numerose che non posso elencarle tutte; accennerò a quelle più diffuse o conosciute per mostrarne il lato più drammatico, l'assoluta mancanza di correttezza e onestà, il ricorso ai mezzi più disgustosi pur di illudere chi soffre. Il guaritore che si occupa di cancro è tra i più disumani, spesso presenta aspetti di psicopatologia quali delirio di onnipotenza e mitomania, altre volte è un semplice malfattore, un truffatore da quattro soldi. Le cure alternative per il cancro muovono annualmente un'enorme quantità di soldi. Nonostante siano presentate come «gratuite», entrare nel tunnel di tali terapie richiederà uno sforzo economico non da poco, e il motivo è chiaro: chi propone queste cure non ha per niente a cuore la salute del paziente, solo il proprio portafoglio.

Il lavoro dell'imbonitore esiste da secoli: un mantello da agnello nasconde le fauci di un lupo, basta stare in agguato e la preda alla fine passerà, ce ne sono centinaia (se non migliaia). A volte anche solo leggere le storie delle vittime di queste ciarlatanerie diventa un viaggio oscuro nella cattiveria umana.

A ogni nazione il suo guaritore

Ogni Stato ha il suo «genio incompreso», il suo guaritore nazionale, in Italia prima Liborio Bonifacio, poi Luigi Di Bella, negli Stati Uniti Hulda Clark, in Germania Ryke Geerd Hamer, in Canada l'infermiera Rene Caisse. Incredibile. La cura del cancro dovrebbe essere patrimonio dell'umanità e invece ogni cultura ha la sua: fallimentare, ciarlatanesca, ma capace di muovere le masse, le opinioni e la politica.

Niente, oltre alla guerra, è stato capace come le periodiche «nuove cure» per il cancro di far cadere governi, indire elezioni, dimettere responsabili di istituzioni e spendere soldi di tutti i contribuenti, e questo può far capire l'influenza (anche economica) e l'illusione enorme che vendono questi pseudoscienziati.

Conoscendo le loro storie noteremo come tutte sembrano seguire lo stesso copione, dall'inizio alla fine, e tutte hanno seminato dietro di sé una lunga scia di vittime, speranze infrante e soldi spesi inutilmente. Quando in Italia scoppiò il caso del «siero di Bonifacio», gli americani, dall'altra parte dell'oceano, ci prendevano in giro parlando di madonne piangenti e santi miracolosi, ma neanche loro si sono salvati dalla ciarlataneria nazionale: di guaritori e finti scienziati ne hanno avuti più di noi, dimostrando come l'ignoranza e la sete di fama si manifestino in modo simile in tutto il mondo.

La Nuova medicina germanica

Questo è il nome di una pratica alternativa assolutamente antiscientifica e con tratti di settarismo preoccupanti, inventata da Ryke Geerd Hamer.

Hamer nasce il 17 maggio 1935 a Düsseldorf, si laurea in Medicina a ventotto anni e nel 1972 diventa medico interno. Le sue biografie parlano di «medico più giovane della Germania», primario di ginecologia e psichiatra, ma in realtà non esistono documenti che confermino queste affermazioni; anzi, certe prove dimostrano il contrario. In seguito ad alcuni guai economici, Hamer si trasferisce in Italia e qui il figlio viene raggiunto, durante una vacanza, da un colpo di fucile sparato da Vittorio Emanuele di Savoia (per questo condannato a sei mesi di reclusione); muore dopo alcuni mesi (in Germania, dove era stato trasferito dal padre, contro il parere dei medici italiani).

Hamer, ammalatosi di tumore testicolare, si sottopone a intervento e chemioterapia guarendo definitivamente. Di lì a poco, nel 1981, inventa la «Nuova medicina», presentandola in televisione e raccontando che gli era stata suggerita dal figlio apparso in sogno. Nel 1985 muore sua moglie, curata con la sua pseudomedicina e deceduta, secondo Hamer, perché non credeva fino in fondo all'utilità della stessa. Tornato in patria, apre diverse cliniche nelle quali applica le sue terapie, e fa lo stesso in Austria. Una dopo l'altra, però, le strutture vengono poste sotto sequestro e chiuse dalle autorità locali, per le pessime condizioni igieniche in cui erano tenuti i pazienti e per le cure che, dopo alcuni accertamenti, si erano dimostrate del tutto inefficaci. Nel 1986 è radiato dall'ordine dei medici con una sentenza del tribunale distrettuale di Coblenza: vi si affermava che la sua natura psicopatica lo rendeva inadatto a svolgere la professione perché ormai incapace di curare i pazienti.[2]

Nel 1998 viene diffusa una presunta «validazione universitaria» della Nuova medicina da parte dell'Università di Trnava (città slovacca), molto discussa in quanto quell'ateneo non ha una facoltà di Medicina e in passato ha validato anche le «terapie» della chiesa di Scientology, da molti considerata una psicosetta. In ogni caso tale attestazione è assolutamente inconsistente e non chiara, basata su soli sette casi «risolti», i quali non sono corredati da alcuna documentazione nemmeno sulla diagnosi di cancro. Nel 2003 Hamer fa registrare il marchio «Nuova medicina germanica». Nel 2004 è arrestato in Spagna ed estradato in Francia, dove sconta tre anni di reclusione, per poi essere rilasciato nel 2006. Tornato in Spagna, è raggiunto da un nuovo mandato di arresto e fugge in Norvegia; si trova tuttora in latitanza.

---

2 Il documento è consultabile al sito: www.dossierhamer.it.

Una vita a dir poco travagliata. La sua teoria sembra sconvolgente, ma già a un primo sguardo si notano le onnipresenti analogie con tutte le altre «medicine alternative». L'idea di Hamer è che ogni malattia, ma in particolare il cancro, sia dovuta a traumi psicologici, a risposte dell'organismo in difesa a conflitti passati o presenti che basterebbe risolvere per guarire.

Alla base dell'intero ragionamento ci sarebbe la «Legge ferrea del cancro» che consiste di alcuni principi, come quello secondo cui le metastasi non esistono e sarebbero un'invenzione della medicina, mentre i batteri e i virus sono «amici» del nostro corpo e ci aiutano a guarire. Chi subisce un trauma e non lo risolve arriva a sviluppare la Dhs (Dirk Hamer Syndrome) che lo porta al cancro; il male può essere guarito dalla risoluzione di questo conflitto interiore o grazie all'aiuto di batteri, virus, funghi. I traumi sarebbero visualizzabili negli esami Tac con precisione: nel cervello, ad esempio, assumono l'aspetto di cerchi, immagini tonde spesso concentriche (in realtà Hamer descrive un noto difetto delle immagini radiologiche che ormai non si verifica più, in quanto era un problema delle vecchie macchine mal tarate chiamato «artefatto ad anello» o «*ring artifact*», dovuto a fenomeni ottici ben conosciuti).

La teoria di Hamer è un misto di farneticazione, razzismo e invenzioni, quasi sempre disarmanti. La leucemia sarebbe causata da un maestro «cattivo», una bambina può essere colpita da paralisi perché da piccola non poteva uscire dal lettino, una donna con un cancro al seno deve trovare immediatamente qualcuno da stringere al petto, per un tumore allo stomaco bisognerebbe ingerire al più presto dei batteri della tubercolosi, la carie dentaria è causata dal «conflitto di non poter mordere», mentre il diabete nelle donne mancine sarebbe in verità un «conflitto sessuale» dovuto al disgusto dell'organo sessuale maschile, o provocato dalle rane.[3] Sembrano deliri di un folle e invece è proprio quello che pensa Hamer: un elenco di farneticazioni rintracciabili nel suo libro, che per i suoi seguaci è una sorta di testo sacro.

Esistono centinaia di persone che si dicono «guarite» da questa pseudomedicina, ma non forniscono una documentazione completa, dati controllati né traccia del proprio decorso; solo testimonianze vaghe e dichiarazioni da parte di Hamer o dei suoi seguaci. La teoria appare evidentemente inattendibile e senza alcuna base, eppure anche in questo caso c'è gente che, plagiata o convinta, si rivolge a tali terapeuti. Hamer, come tutti i «guaritori», ha un suo staff, un suo seguito e un'organizzazione che propaganda e pubblicizza le sue teorie. Quando qualcuno «guarisce» (e l'unica certificazione in merito è la parola del guaritore) è grazie ad Hamer, quando non succede (e se si tratta di malattie documentate non succede mai) è colpa del paziente che non è riuscito a risolvere il conflitto o non ci ha creduto sino in fondo. Le «cure» di Hamer si basano sostanzialmente su una sorta di psicoterapia che dovrebbe far superare il trauma al malato (la causa del suo male) e quindi guarirlo.

Nel caso dell'ex medico tedesco, la teoria del complotto che boicotta il «genio incompreso» è unita a un becero razzismo. Egli ritiene infatti che gli «occultatori» della sua scoperta siano gli ebrei, che conoscerebbero e userebbero la Nuova medicina senza divulgarla per non donarla all'umanità e così rifarsi in qualche modo dell'olocausto. Incredibile, vero? Ma è proprio quello che afferma lui. Un passo del suo

---

3 G. Von Friedrichsen, *Ein Gefährlicher Erlöser*, «Der Spiegel», 8 settembre 1997, consultabile al sito: www.spiegel.de/spiegel/print/d-8778097.html.

libro recita: «In due diversi orari di ambulatorio gli stessi oncologi ebrei applicano due diverse terapie: una per gli ebrei, seguendo la Nuova medicina germanica (senza chemio e morfina), con un successo del 98 per cento (come si pratica già da vent'anni segretamente in Israele e per tutti gli ebrei del mondo), e una per i non ebrei, seguendo la medicina tradizionale con chemio e morfina, cioè con il 98 per cento di mortalità».[4]

Spero sia superfluo spiegare perché l'intera teoria non sta in piedi e non ha alcuna base scientifica: anche se lo stress e le influenze psicologiche possono giocare un ruolo (marginale) nella genesi di alcune malattie, affermare che la causa di tutte le patologie risieda nel nostro cervello e che l'azione della psiche riesca a creare delle alterazioni macroscopiche (addirittura evidenti negli esami Tac) è davvero follia. È come se si cercasse una sorta di ineluttabile destino che accomunerebbe tutta la specie umana (quale individuo non subisce almeno un «trauma» in tutta la propria vita?), fatalmente portata ad ammalarsi per colpe personali. Ma, al solito, per tagliare la testa al toro, basterebbe guardare ai risultati: nulli. Non c'è un solo caso dimostrato di guarigione dovuta alle teorie di Hamer.

Esiste anche in Italia un gruppo che segue le teorie dell'ex medico tedesco, divisosi poi in associazioni diverse per divergenze interne. Proprio un caso italiano è quello impressionante di Domenico Mannarino, affetto da iniziale tumore al polmone e spinto a seguire le cure di Hamer presso centri italiani. Domenico è morto. Il medico che lo convinse a «curarsi» con la Nuova medicina fece però seguire i proto-

---

[4] Ryke Geerd Hamer, *Vermächtnis Einer Neuen Medizin*, Parte 1 e 2, Amici di Dirk – Ediciones de la Nueva Medicina S.L., Fuengirola, Spagna 1999, 7ª edizione.

colli tradizionali, dalla radio alla chemioterapia, alla madre, anch'essa malata di tumore.

In Europa, e da qualche mese anche in Italia, si stanno celebrando i primi processi a medici seguaci di Hamer che praticano questa delirante medicina su pazienti affetti da cancro. I sostenitori di tale teoria sono tantissimi e agguerriti, tanto da diventare praticamente una setta: riunioni di massa, giuramenti, azioni di diffusione silenziosa delle teorie dell'ex medico e copertura della propria attività tramite associazioni o gruppi neutrali e anonimi. Sono noti ad esempio casi di convegni o incontri pubblicizzati come eventi culturali di vario tipo (letteratura, cinema, musica) ospitati in luoghi pubblici, istituti religiosi e centri sociali, ma che avevano il solo scopo di propagandare le teorie di Hamer e di trovare nuovi adepti. Sia le autorità sia i media televisivi hanno dedicato ampio spazio a questo fenomeno. Non è mai sufficiente, però, ripetere a tutti di non lasciarsi ammaliare dalle teorie di un uomo incapace di intendere e volere.

Se questa pseudomedicina è molto diffusa in Europa, nel continente americano ne troviamo altre, alcune davvero singolari.

La cura per tutte le malattie

La fantasia dei guaritori non ha limiti, ma tutti hanno dei punti in comune: si fanno pagare, hanno dei testimoni (naturalmente non controllati) e una vera e propria squadra di sostegno alle spalle.

Esemplare il caso di Hulda Clark, una biologa americana che negli anni Ottanta dichiarò di aver scoperto causa e cura di tutte le malattie. Sosteneva di poterle guarire nel 99 per cento dei casi, affermando di avere centinaia di testimoni a suo favore. Alla messa alla prova delle sue dichiarazioni, sembra superfluo aggiungerlo, appare chiaro che non è vero niente. Le basi della teoria della Clark sono riassunte dalla sua convinzione indimostrata che tutte le malattie sarebbero causate essenzialmente da due fattori: i parassiti (batteri e virus) e gli inquinanti. Scoperta quindi la causa di ogni patologia (cancro, Aids, sclerosi multipla, morbo di Alzheimer, diabete...), ne ha trovato anche la cura, che si basa su due sue invenzioni: il «syncrometro» e lo «zapper», la cui azione è coadiuvata da trattamenti anche a base di erbe.

Il primo (una sorta di tester) è lo strumento che dovrebbe fare diagnosi e scoprire i «parassiti» causa del male, il secondo (una scatoletta con due manopole metalliche collegate al corpo principale dell'apparecchio) eliminerebbe gli «ospiti indesiderati». In pratica i flussi di elettricità emessi dall'apparecchietto distruggerebbero i parassiti che causano il cancro, che poi sarebbero espulsi dal corpo stesso grazie alla dieta e all'alimentazione del soggetto curato. Secondo la Clark servirebbero più sedute di zapper, e le erbe favorirebbero il processo di disintossicazione: i pazienti così si ritrovavano a bere litri di succhi di frutta, spremute, frullati e c'è chi ha dichiarato di aver assunto più di dieci litri di liquidi in un giorno. La Clark consigliava di raccogliere alla fine della giornata tutto ciò che si espelleva per «via naturale». In tal modo le persone «in cura» conservavano fibre, residui di bucce della frutta bevuta durante la giornata, semi e via dicendo, li portavano dalla dottoressa e lei affermava che quelli fossero i «parassiti». Insomma, residui di frutta spacciati per colpevoli di malattie gravissime.

La Clark scrisse alcuni libri, dai titoli esplicativi: *La cura di tutti i cancri avanzati* e *La cura di tutte le malattie.* Il suo egocentrismo la portò ad aprire una clinica privata a

Tijuana, in Messico; la scelta della località non fu affatto casuale: negli Stati Uniti le pene per esercizio abusivo della professione medica sono severissime, mentre basta passare il confine, che è comodamente raggiungibile per i cittadini statunitensi, per ritrovarsi in Messico, dove la legge meno restrittiva consente molte violazioni in materia di salute. Non è un caso che in certe zone di frontiera del paese del Centro America vi sia la più alta concentrazione di cliniche «alternative» di tutto il mondo.

La causa di tutti i cancri, per la Clark, sarebbe quindi un parassita, il *Fasciolopsis buski* (che per un misterioso ragionamento diventa causa di ogni tumore al mondo, pur vivendo solo in Asia), e i suoi apparecchi elettronici sarebbero capaci di ucciderlo e di farlo espellere dal corpo del malato.

Naturalmente queste sue idee non hanno mai avuto riscontri né scientifici né pratici, e non si conoscono persone «guarite» da qualsiasi malattia grazie alle cure della Clark. Nel 1993 cominciarono per lei i primi guai legali: in seguito a diverse denunce per le attività sanitarie nella sua clinica messicana, un investigatore si recò lì in incognito fingendosi un paziente. La biologa, tramite i suoi apparecchi, gli diagnosticò l'Aids, affermando di poterlo guarire in pochi minuti. Seguirono altre segnalazioni, che culminarono con il suo arresto nel 1999. La clinica venne chiusa perché priva dei permessi, inoltre gli atti sanitari non erano effettuati da persone autorizzate. La Clark, nonostante tutti i divieti, continuò a operare in Messico, dove un trattamento completo in clinica costava attorno ai quattromilacinquecento dollari (due settimane, trattamento base). Un affare, ma per chi? La biologa americana non teneva conto di alcuna regola o legge della biologia, della fisiologia o dell'anatomia e basava (come succede spesso) le sue idee su opinioni personali e su convinzioni mai dimostrate da nessuno, nemmeno da lei.

Diagnosticava le malattie tramite i suoi strambi congegni elettronici che emettevano lucine e suoni a ogni presunta malattia identificata; l'accertamento della «guarigione» invece veniva effettuato con un test (chiamato «alla orto-fosfo-tirosina») che, se negativo, dimostrava l'efficacia della cura. Ovviamente il test era tutto fuorché attendibile.

Quando la persona non aveva un cancro (ma il syncrometro aveva detto di sì), veniva inviata a fare dei controlli tradizionali al termine della terapia, dai quali si scopriva che (naturalmente) non c'era alcun tumore. Il paziente veniva pertanto giudicato guarito per merito delle cure della Clark. Quando invece una persona aveva davvero una neoplasia, diagnosticata con mezzi tradizionali, la malattia (naturalmente) non regrediva e la Clark sosteneva che il paziente non aveva risposto alla cura...

Si pongono a questo punto quelle domande elementari che qualsiasi persona dovrebbe farsi. La Clark affermava di avere trattato più di duemila casi. Dove sono le persone guarite? Si incontrano le solite testimonianze di pazienti con casi risolti brillantemente, ma come sempre sono poverissime di particolari e non permettono nemmeno di seguire l'evoluzione della malattia, senza considerare che nessuno è stato sottoposto a qualche controllo. Negli elenchi di «testimonianze di guarigione», pubblicati e diffusi dalla stessa Clark o dal suo staff, compaiono decine di lettere di ringraziamento, descrizioni di diverse patologie, racconti e aneddoti, ma non vi è alcuna prova incontrovertibile di una «guarigione», nessun dato rilevante dal punto di vista clinico, nessun referto ufficiale.

Esistono anche in Italia dei centri che praticano (clandestinamente) le cure della Clark, spesso sotto la maschera di erboristerie o di negozi di rimedi naturali: è superfluo ricordare che si tratta di persone non autorizzate e che compiono atti inutili e spesso dannosi. In genere questi «istituti» portano progressivamente chi si rivolge loro verso le terapie della biologa americana, convincendolo a sottoporsi a un esame di controllo (con il syncrometro appunto) e diagnosticando un numero abnorme di malattie e intolleranze. L'unica scelta proposta per la guarigione è proprio l'assunzione di erbe e la terapia con lo zapper. Qualcuno ci casca e spende decine di migliaia di euro senza motivo (anzi, se affetto da malattia, con un danno anche serio). Naturalmente lo zapper si può acquistare su internet o in uno dei negozi che pubblicizzano questa «cura» e utilizzarlo a casa propria, a tutto favore del venditore.

Il 3 settembre 2009, Hulda Clark è morta. Forse a questo punto è doveroso aggiungere che è deceduta per un cancro che non aveva saputo diagnosticare né curare: si fece ricoverare in ospedale passando sopra al fatto di averlo sconsigliato a centinaia di persone per anni. Un finale patetico nella sua tragicità.

Essiac, la tisana anticancro

La foto che stavo guardando ritraeva una donna di spalle mentre bussava a una porta. L'immagine era sgranata, poco chiara e ricordava il pellegrinaggio che si svolse per mesi in un paesino canadese: Bracebridge, Ontario. In questo luogo sperduto tra i boschi, qualche decennio fa, decine di persone affermavano di essere guarite dal cancro, raccontando di miglioramenti giornalieri e costanti dopo essersi rivolti a un'infermiera del luogo comparsa dal nulla: anonima, dall'aspetto materno e sereno, colpì l'opinione pubblica diventando quasi un mito locale (ancora oggi in Canada in molti ricordano la storia di Rene Caisse).

Ora dovrei ripetermi raccontando dei motivi che secondo questa donna impedirono il diffondersi della sua «cura», perché sono identici a quelli dei suoi colleghi guaritori alternativi: boicottaggio delle aziende farmaceutiche, dei ricercatori, degli scienziati, dei medici... Inutile specificare che anche in questo caso non esistono prove certe di efficacia o una documentazione attendibile (solo l'aneddotica e testimonianze singole), ma è bene riassumere la vicenda perché tra le cure alternative questo rimedio è un classico.

Il prodotto si chiama Essiac e si tratta di una tisana di erbe «inventata» dall'infermiera Rene Caisse, la quale affermava di aver ricevuto la ricetta da una tribù di nativi americani. Questi usavano un miscuglio di piante selvatiche (comuni in America del Nord) come rimedio per alcuni problemi di salute (mai per il cancro). La Caisse diffuse la sua cura, che presto brevettò, dagli anni Venti alla fine degli anni Settanta, soprattutto in Canada; poco prima della sua morte vendette i diritti della ricetta a un'industria, la Resperin Corporation, che, in accordo con il dipartimento della Salute canadese, proponeva la tisana come «infuso di erbe» mantenendo il nome originale di Essiac (che è il cognome al contrario della donna). Esistevano due formulazioni: una orale (che migliorava lo stato di salute in generale) e una da iniettare (che avrebbe dovuto curare i tumori).

La Caisse cominciò a somministrare il prodotto nel 1924, dopo la presunta guarigione dal cancro di un suo parente, una zia, sulla quale però non esistono documentazioni se non i racconti della stessa infermiera. Dalla fine degli anni Venti al 1942 la donna somministrò la tisana a centinaia di pazienti e non rivelò mai gli ingredienti, nonostante le ripetute richieste da parte di aziende e scienziati: c'è chi sostiene che non li conoscesse nemmeno lei. Qualche anno prima, nel 1936, il dottor Banting, un medico canadese, aveva offerto alla donna topi e polli malati di cancro che aveva in laboratorio, come cavie per testare il suo prodotto, aggiungendo la garanzia che non sarebbe stato necessario rivelare a nessuno la «formula segreta» e destinando alla donna i laboratori dell'istituto dalle 9 alle 17 di tutti i giorni. La donna aveva rifiutato l'offerta.

La Caisse dichiarò di aver trattato fino a 600 pazienti a settimana (quindi circa 2400 mensilmente, che, per decenni, equivarrebbero a centinaia di migliaia di casi, un campione enorme). Se ne avesse guariti diciamo 5000, ma anche solo 1000 (l'1 per cento, una percentuale minima, insignificante), dove sono? In alcune testimonianze non vi è neppure la diagnosi di cancro o una certificazione di guarigione. In altre il paziente (che non documentava nulla del decorso della sua malattia) sosteneva di «sentirsi guarito», un'autodiagnosi che evidentemente non ha alcun valore medico. Negli anni Cinquanta fu il dottor Warren, del National Cancer Institute canadese, a offrire alla donna la disponibilità di laboratori e cavie per sperimentare la tisana. La Caisse, avendo appreso che era necessario rivelare la formula per eseguire gli esperimenti, rifiutò anche questa possibilità.

Nonostante l'enorme numero di casi (e di chi si definiva guarito), la Caisse non produsse mai un lavoro scientifico o sistematico; tutte le notizie su di lei e sulle sue cure provenivano dai giornali locali o da testimonianze di pazienti che si dichiaravano guariti dalla tisana.

La Caisse morì nel 1978 e su di lei nacquero leggende incredibili, come quella secondo cui un misterioso investitore le avrebbe offerto un milione di dollari (un'enormità per l'epoca) in cambio della sua formula segreta, ma lei avrebbe rifiutato perché non le veniva garantita la diffusione gratuita del prodotto. Peccato che qualche anno dopo la stessa «altruista» infermiera vendette il brevetto a un'industria che ancora oggi esporta il rimedio in tutto il mondo. La Caisse affermava che nella sua clinica erano sempre presenti diversi medici, testimoni delle guarigioni: chissà perché, però, nessuno di loro riuscì mai a scrivere una sola cartella o a ricostruire la storia attendibile di un solo caso di guarigione; anzi, la commissione parlamentare che aveva il compito di controllare la clinica della donna trovò parecchi casi manipolati, false diagnosi di cancro, tumori che non esistevano, guarigioni mai avvenute e pazienti con malattie diverse (diabete, ipertensione) dichiarati guariti da un cancro che non avevano.

Le solite stranezze, disattenzioni, errori che, guarda caso, capitano sempre a chi ha fatto la scoperta del secolo.

La crescente popolarità dell'infermiera insinuò il dubbio nelle autorità: se tante persone si dichiaravano guarite, stavano forse sottovalutando la scoperta del secolo? Ne parlavano i giornali, i medici e le persone per strada. Per volere della Caisse furono svolti dei test dal Memorial Sloan-Kettering Cancer Center (uno dei più prestigiosi centri di ricerca al mondo) negli anni Settanta, poi ripetuti negli anni Ottanta su richiesta della Resperin, proprietaria del marchio; in seguito anche il dipartimento della Salute canadese sollecitò una valutazione dell'efficacia del prodotto. Per il primo esperimento la Caisse inviò tre campioni di Essiac (due estratti secchi per ottenere la tisana e un campione di tisana pronta) che il centro di ricerca testò su cavie con sarcoma. La sperimentazione puntava a trovare un effetto immunoterapeutico (indicato dalla regressione del tumore) o chemioterapeutico (indicato dalla diminuzione della sua velocità di crescita). I risultati di sei test immunoterapeutici e di due chemioterapeutici non mostrarono alcun effetto. Il centro di ricerca provò poi i campioni forniti dalla Resperin su un'ampia varietà di leucemie e di tumori solidi. Furono compiuti diciassette esami di tipo chemioterapico e nessuno mostrò effetti antitumorali; non fu riscontrata nemmeno una tossicità del composto, ma in alcuni casi furono definiti degli effetti subtossici (ad esempio la diminuzione di peso in alcune cavie).

Fu infine compiuto l'ultimo esperimento, su richiesta del dipartimento della Salute canadese. Stavolta si testò il prodotto su cavie con leucemia e anche in questo caso non fu mostrato alcun effetto antitumorale. Al contrario della precedente sperimentazione, questa volta fu dimostrato un alto grado di tossicità sugli animali. Il dottor K.J.R. Wightman, direttore della Fondazione per la ricerca e il trattamento del cancro dell'Ontario, al termine delle ripetute sperimentazioni che sembravano far crollare un'illusione collettiva, dichiarò: «Negli scorsi tre mesi c'è stata una grande emotività e interesse nei riguardi di un rimedio erboristico per il cancro [l'Essiac]. Durante questo periodo, la preparazione, come fornita dall'infermiera Caisse di Bracebridge, è stata provata da importanti studiosi su pazienti con vari tumori maligni. Non c'è evidenza di alcun cambiamento nella progressione della patologia in nessuno dei malati. È stato notato comunque un soggettivo miglioramento del senso di benessere in un certo numero di pazienti, che potrebbe essere dovuto o meno a un effetto placebo».

Qualcuno dei seguaci della Caisse sostiene l'esistenza di diversi esperimenti che dimostrerebbero una certa azione anticancro della tisana; non dicono però che tutti questi (pochi) studi provengono sempre da centri di cure alternative, sono pubblicati su riviste di pseudomedicina e non sono sottoposti ad alcun controllo scientifico. A oggi, esiste un solo studio verificato che proverebbe la remissione di un cancro prostatico attribuita alla tisana Essiac,[5] e proprio su

[5] W. Al-Sukhni, A. Grunbaum, N. Fleshner, *Remission of Hormone-Refractory Prostate Cancer Attributed to Essiac*, «The Canadian Journal of Urology», ottobre 2005.

tale tipo di tumore si sono quindi concentrati i test: se una ricerca commissionata da una clinica di medicina alternativa ha mostrato un buon effetto su cavie, uno studio ufficiale l'ha smentita paragonandone l'effetto con un chemioterapico tradizionale (il Paclixatel®). Nel 1980 il dipartimento della Salute canadese contattò 150 medici che avevano ricevuto forniture di Essiac dalla Rasperin: risposero in 74 e stilarono una lista sui risultati ottenuti dalla somministrazione del composto (in Canada la tisana è in vendita come «integratore» per sostenere le cure standard e non come antitumorale). Su 86 pazienti trattati per diversi tipi di tumore:

- 47 non ebbero alcun beneficio
- 8 non fornirono dati valutabili
- 17 morirono
- 1 ebbe un miglioramento soggettivo (si sentiva meglio ma non era migliorato clinicamente: aveva ancora il tumore)
- 5 richiesero meno antidolorifici
- 4 ebbero un miglioramento oggettivo (clinico, reale: il tumore era migliorato)
- 4 erano in condizioni oggettivamente stabili (il tumore non era progredito)

Gli 8 pazienti migliorati o stabili furono riesaminati dopo due anni. Di questi: 3 erano peggiorati con malattia in evoluzione, 2 erano morti e 3 erano rimasti stabili.

I casi rimasti stabili furono approfonditi e la commissione concluse che avevano effettuato altri trattamenti di tipo standard; si segnalarono comunque leggeri effetti collaterali e un beneficio psicologico in alcuni pazienti. In conclusione, su 86 malati, dopo due anni, solo 3 avevano visto stabilizzarsi la patologia, ma erano stati sottoposti a terapie standard. Lo studio più recente invece è una review, ovvero un controllo di tutte le ricerche riguardanti il composto usato come anticancro: esso sottolinea la «debolezza» dei test effettuati fino a oggi, con una grande confusione sull'esatta composizione della tisana, sui dosaggi, sui suoi effetti e sugli eventuali rischi.[6] Non evidenzia comunque particolari segnali di attività antitumorale. L'American Cancer Society conferma il fallimento del rimedio come sostanza anticancro; anche qui dunque un altro buco nell'acqua. E visto che non ci si può intestardire per far funzionare qualcosa che dimostra di non essere efficace, credo basti così.

---

6 C. Ulbricht, W. Weissner, S. Hashmi et al., *Essiac: Systematic Review by the Natural Standard Research Collaboration*, «Journal of the Society for Integrative Oncology», primavera 2009.

Conclusioni

La storia della grande illusione di sconfiggere sempre e comunque tutte le malattie, specie quella più importante del nostro millennio, il cancro, per ora finisce qui. Possibile che decine di «inventori» di cure alternative si diano a simili truffe? Come può, un uomo, approfittare delle sofferenze dei suoi simili? Desiderio di fama, denaro, egoismo o semplicemente disonestà: sono queste le ragioni che inducono molte persone a illudere il prossimo offrendogli speranze impossibili. Non è plausibile che una cura efficace per una grave patologia rimanga nascosta o venga boicottata: i medici di tutto il mondo prima o poi la porterebbero alla luce donandola all'umanità.

Ma facciamo un ragionamento grezzo e venale: se solo una di queste «cure definitive» per qualsiasi malattia fosse realmente efficace, chi ci guadagnerebbe di più, chi la diffonde o chi la nasconde? Se esistesse davvero la terapia perfetta per tutti i tumori, lo scopritore molto probabilmente vivrebbe di rendita e accompagnato da gloria perenne dopo la vittoria del Nobel per la Medicina. La scusa di tutti i ciarlatani, il timore che la loro scoperta sia boicottata e tenuta nascosta dai poteri forti, non solo non ha prove ma si scontra con la logica e la ragione. Coloro che starebbero occultando queste cure, inoltre, preferirebbero morire di malattia (e veder morire i propri cari) piuttosto che rivelare al mondo la «verità». Poco credibile, non trovate? In realtà la «medicina alternativa» non è medicina, ma un viaggio nell'illusione; al contrario, le cure scientifiche hanno dalla loro parte la ricerca, lo studio, l'ingegno.

Per comprendere i meccanismi più importanti che regolano la medicina e le sue armi curative bisogna necessariamente conoscere le basi della ricerca. Tutto ciò che si poggia su prove scientifiche ha la possibilità di diventare terapia, il resto è in genere illusione e ciarlataneria; il metodo scientifico è l'unico modo di arrivare a una realtà oggettiva, plausibile, credibile. Spiegare la scienza non è un compito facile, lo sa chi l'ha studiata e chi cerca di capirla: molti concetti sono astratti, altri richiedono conoscenze che non sono alla portata di tutti e i meccanismi per giungere a una conclusione verificata possono richiedere un impegno e un'applicazione che costano tempo e fatica. Comprendere la scienza, e dedicarsi alla ricerca e allo studio, è però un esercizio molto gratificante: apre la mente, rende curiosi e soprattutto fa apparire più evidenti i principali fenomeni che regolano la nostra vita. Ma come approfondire una notizia scientifica o medica se non si ha la minima cognizione di ciò che si sta analizzando? In questi campi un'ipotesi viene accettata quando chi l'ha proposta la verifica con metodi che cercano di escludere, per quanto possibile, errori, condizionamenti e false convinzioni. La stessa esperienza è poi ripetuta da altri individui (chiamiamoli scienziati, per facilitare la comprensione del discorso) che, se ottengono risultati identici, possono confermare la correttezza dell'ipotesi di partenza.

Come tutte le attività umane, la scienza può essere utilizzata a fin di bene o a servizio del male, può essere onesta e pulita come corrotta e falsa, può rappresentare il nobile intento di progredire come l'oscuro fine dell'interesse personale. È pertanto possibile che errori e orrori siano presenti nella medicina creata con metodo, controllata e testata. Ma immaginiamoci cosa può succedere in quella improvvisata, inventata, quella senza verifiche, non dimostrata, quella che si sottrae al confronto. Non bisogna mai pensare: «Che male vuoi che faccia?», perché di male, le medicine alternative ne fanno tantissimo. Ricordate il caso del dolore alla cervicale trattato con la chiropratica che ha ridotto un ragazzo in sedia a rotelle.

Gli errori e le tragedie della medicina scientifica sono per fortuna la minoranza assoluta e spiccano solo perché parliamo di grandi numeri. Anche se dimostrano come possa essere debole e fallace l'essere umano, ci lasciano con una speranza: che ogni errore ne eviterà uno successivo. Questa consapevolezza deve essere una spinta verso la correttezza e l'onestà scientifica, confidando in un mondo sempre più progredito. L'alternativa è abbandonarsi alle superstizioni, alle credenze, alle opinioni personali. Bisogna crescere con la cultura del bello, del vero e dell'onestà: il culto della continua ricerca di qualcosa di utile è l'opposto dell'abbrutimento.

Il vero problema è che esistono troppi venditori di sogni, troppi imbonitori e truffatori che lucrano sulla disperazione della gente. La voglia di fama e di denaro obnubilano anche le menti più pure. Il consumatore non ha gli strumenti per distinguere con precisione scienza da pseudoscienza, e questo è normale, ma è fondamentale che sia diffusa la cultura scientifica così da permettere di giudicare con cautela e attenzione le soluzioni che appaiono più semplici ed entusiasmanti. Forse bisognerebbe partire già dalla scuola, sviluppando il senso critico e la capacità di discernere il plausibile dall'inganno.

Se una cura resta «alternativa», evidentemente non funziona, e questo è bene ricordarlo. Per chi soffre, aggiungere alla malattia la vergogna della truffa significa perdere il valore che ci dovrebbe accompagnare fino all'ultimo respiro: la *dignità*. Come abbiamo visto, le cure «alternative» inefficaci sono migliaia e non si limitano al cancro: cellule staminali per guarire da malattie neurologiche, disintossicazione e diete per curare l'autismo, decotti per «stare meglio». Un business fiorente e sempre vivo; per questo non bisogna mai fidarsi di chi promette miracoli, nemmeno quando si è disperati. Mettiamoci nei panni di due genitori con un figlio malato: cadere in una trappola è umano, drammaticamente ingenuo e a volte fatale.

L'unica strada è la scienza, lo studio e la ricerca, il lavoro di migliaia di uomini e donne impegnati per l'obiettivo più difficile: cambiare la storia della medicina. Non fidiamoci di chi fa promesse impossibili, non cadiamo nelle mani di gente senza scrupoli: seguiamo la ragione e armiamoci di consapevolezza, perché la medicina è scienza, non superstizione. Forse è utile ricordare che qualsiasi cittadino ha la possibilità (e il dovere) di segnalare all'ordine dei medici ogni comportamento non corretto da parte di un professionista della salute. In particolare, lo stesso codice deontologico dei medici all'articolo 12 vieta espressamente l'uso di terapie non scientifiche o «segrete» e di cure non riconosciute dalla comunità scientifica.

Mi rivolgo soprattutto ai giovani «divoratori» di internet, spesso bersaglio di falsa informazione e di vero e proprio plagio, convinti di essere consapevoli di una verità nascosta e invece vittime della manipolazione: lo scetticismo e la capacità critica sono qualità fondamentali per crescere, sopravvivere ed essere liberi. Serve impegno, sicuramente, ma ogni piccolo passo verso una sana capacità critica servirà in ogni ambito della vita. Non si è mai liberi di scegliere se non si è correttamente informati, il plagio e la disinformazione sono gabbie mentali e fisiche e c'è qualcuno che prima o poi cercherà di imprigionare chi ha bisogno di aiuto. Fate di tutto per non ingrassare ciarlatani, imbonitori e guru.

Siate liberi.

Ringraziamenti

Molti lettori mi ringraziano per quello che spiego sul sito o nei convegni quando parlo di medicina e scienza, ma anche io ho appreso moltissimo da loro: confrontarsi con il paziente, allearsi con lui e trasmettergli fiducia è la prima medicina e chi cura la salute delle persone non dovrebbe dimenticare mai di essere *in primis* una spalla per chi chiede il suo aiuto.

Il blog che curo mi ha aiutato a comprendere meglio le richieste di chi si rivolge alla medicina e per questo motivo ringrazio chi mi segue: i commentatori, uno per uno (quelli affezionati si meritano un grazie in più), i lettori degli esordi, chi mi contatta via email anche solo per un consiglio... Ho imparato tantissimo e sono cresciuto con loro, come medico e come uomo. Un grazie anche a Lidia, mia moglie, che mi ha sempre sostenuto, e a mio figlio Marco, al quale ho tolto ore di gioco per dedicarmi alla divulgazione scientifica (però la scienza comincia a piacere anche a lui. A otto anni ha tenuto la sua prima «conferenza», in terza elementare!), a Dario Bressanini, Paolo Attivissimo, ai ragazzi del Cicap, a Ilario D'Amato, alla mia Ulss, al primario e a tutto il personale del reparto nel quale lavoro che mi hanno sostenuto per far fronte agli impegni, a chi mi ha invitato a parlare in giro per l'Italia (e oltre). Un grazie a Daniele Di Grazia per la consulenza legale e a tutte le persone che ho incontrato e che mi hanno incoraggiato in questi anni di «medicina raccontata». Grazie a Yari Davoglio, axlman, Ugo Mangini, Giuliano Parpaglioni, Antonio Di Grazia.

Un grazie speciale a chi seguiva il blog e ora non c'è più.

Finito di stampare nel mese di settembre 2018
per conto della TEA S.r.l.
da Rotolito S.p.A. - Seggiano di Pioltello (MI)
Printed in Italy